会 讲 故 事 的 童 书

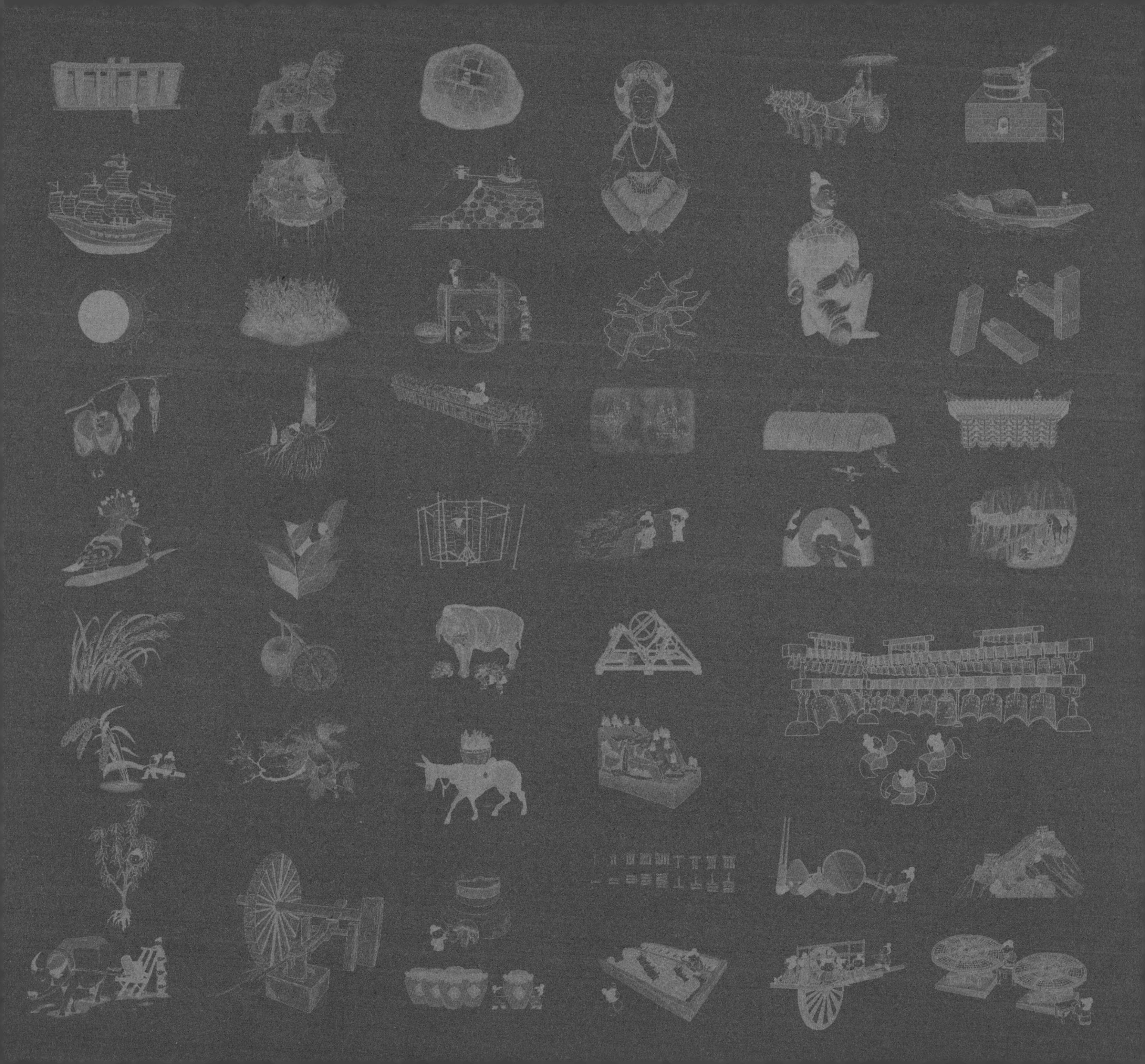

Magnificent Chinese Science and Technology in Ancient Times

了不起的中国古代科技 4

邱成利　谷金钰　主编
中采绘画　杨　义　绘

中国水利水电出版社
www.waterpub.com.cn
·北京·

目录

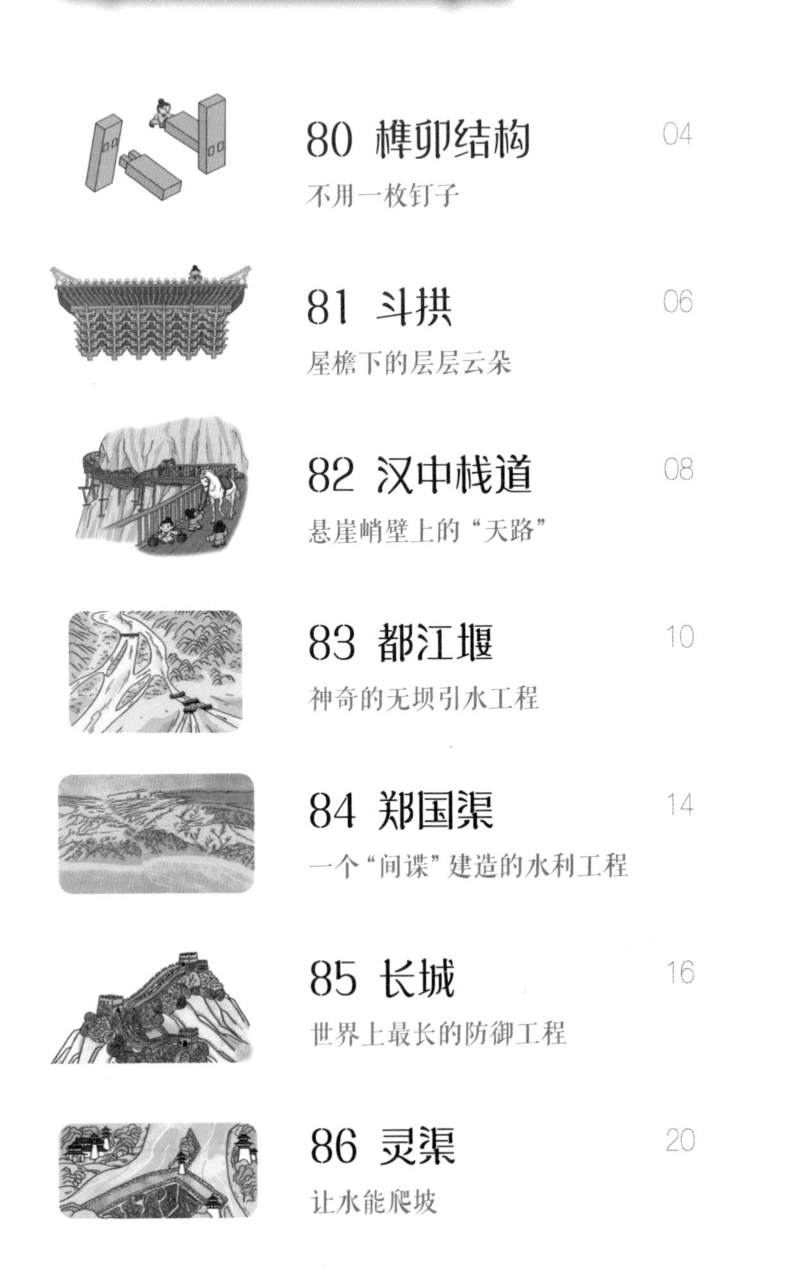

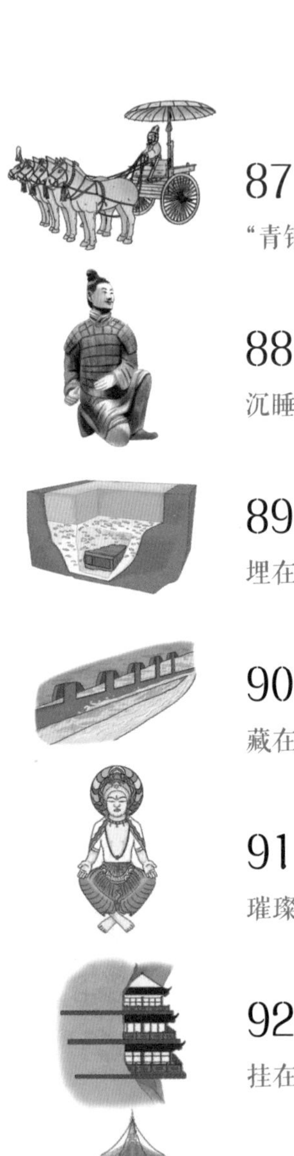

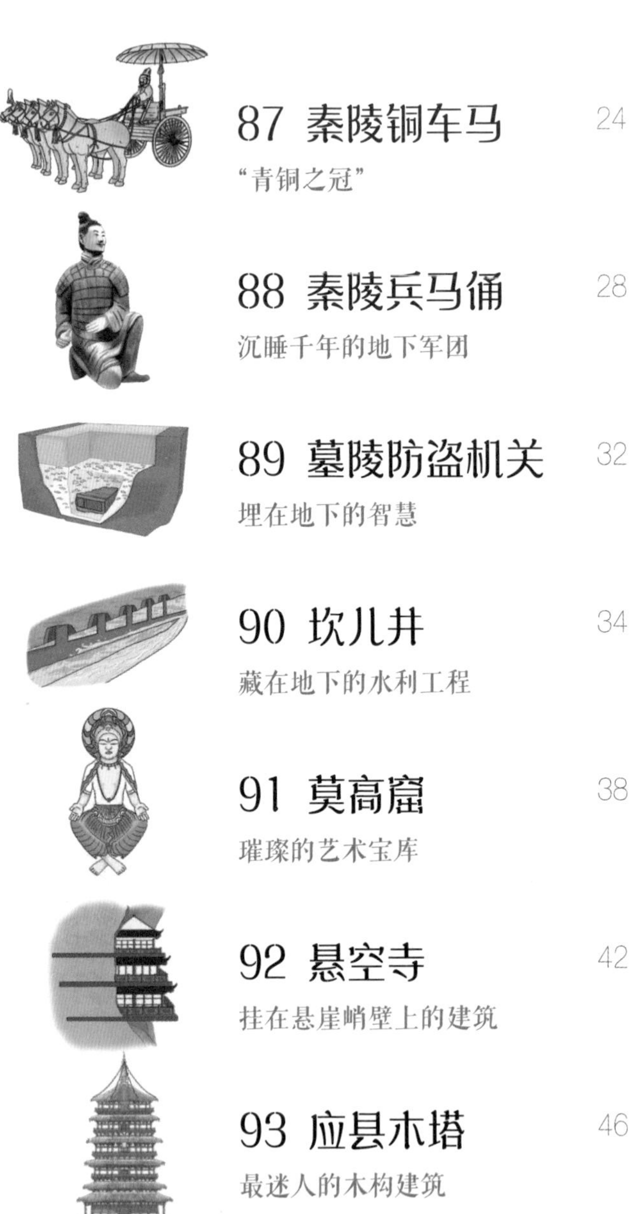

80 榫卯结构

不用一枚钉子

距今7000多年前，生活在浙江河姆渡一带的原始人建造了干栏式房屋。这是一种类似二层楼的建筑，一层是架空的，距离地面大约一米高，可以饲养猪等家畜；二层是住人的地方。原始人把一排排木桩打入地下，又在木桩之间架上梁，上面铺地板，再用柱子和屋檐挑起屋架，而屋架所用到的梁、枋、柱等构件，很多都采用了榫卯（sǔn mǎo）结构，这标志着当时的木作技术已经很先进。

你知道吗？

干栏式建筑适应多雨的环境，可以防潮，还能避开野兽的侵袭。

榫卯是一种结构

在古籍中，“榫卯”经常与“斗拱”同时出现，很多人都误以为，榫卯也和斗拱一样是一种木构件，是一样东西，其实，它不是“东西”，而是一种结构，一种连接方式，能把斗拱等木构件连接起来。

榫，是木头凸出的部分；卯，是木头凹进去的部分。把榫和卯咬合在一起，两个木构件就牢牢地固定住啦。

不用钉子的奥秘

春秋战国时，榫卯结构用到了家具上，传说这是鲁班的发明。秦汉时，榫卯结构几乎随处可见。古建筑中很少用钉子，甚至一个钉子都不用，就是因为有榫卯结构。榫卯结构不仅能牢固地将木构件结合在一起，还能限制木构件向各个方向扭动。

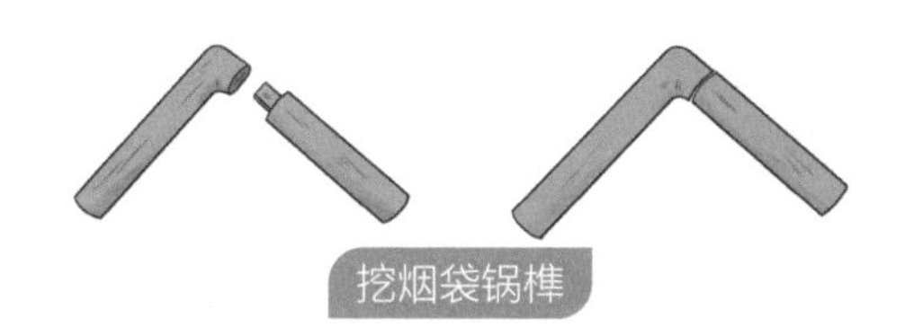

挖烟袋锅榫

庞大的“榫卯家族”

唐宋时，榫卯种类已经有几十种。由于木构件多少、高低、长短不同，通过榫卯连接在一起后，会呈现出各种形状。

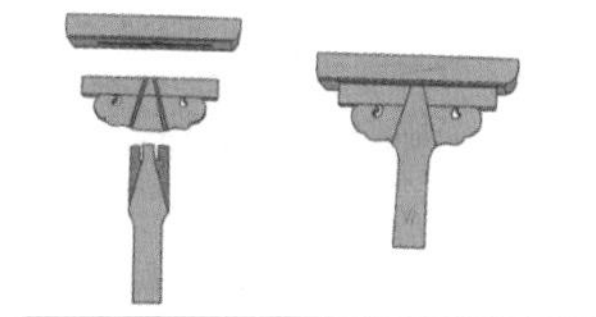

云型插肩榫（牙条、牙头分造）

圆方结合裹腿

圆香几攒边打槽

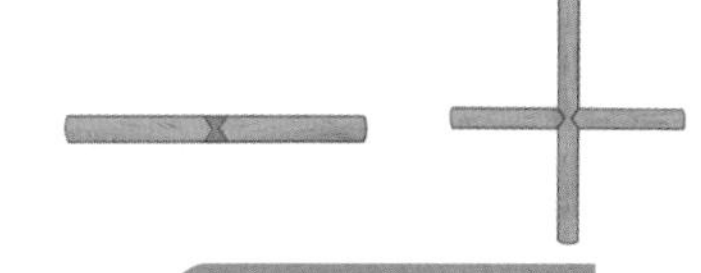

弧形直材十字交叉

连一根头发都无法容纳

到了明清时，红木家具上几乎用到了所有的榫卯种类，便于拆卸和安装。木构件紧紧咬合，达到了“间不容发、天衣无缝”的地步，缝隙间连一根头发都插不进去。

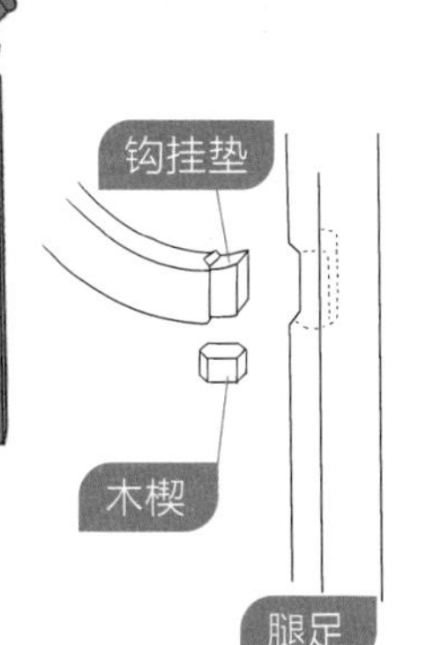

极为精巧的发明

榫卯的连接使建筑成为一个柔性结构，能承受很大的荷载，即使产生一定的形变也没关系，当地震发生时，可以通过形变来抵消部分地震能量，减小地震的损害。

81 斗拱

屋檐下的层层云朵

房屋的立柱和横梁交接的地方，就是斗拱的“藏身之处”。“拱”是一个弯弓形的短木。在拱和拱之间，垫着一个方木块，长得像盛米的斗，所以叫“斗”。斗和拱组合起来，就是斗拱。

很久以前，人们为了把屋檐支起来，就在屋檐下面立一排小柱子，叫“擎檐柱”。小柱子在风吹雨打日晒中，容易损坏，人们不得不经常更换。传说，商纣王帝辛（？—公元前1046年？）也曾亲自“托梁换柱”。当时，帝辛还没有登基，他的父亲帝乙正在大殿里议事，一根柱子突然折断，房顶就要塌下来了，在这千钧一发的时刻，帝辛冲上前去，把房梁托举起来，使卫士得以换上新柱子，保住了众人的性命。后来，擎檐柱慢慢地演化成了斗拱。

国宝上的斗拱

早在战国时期，斗拱的雏形就出现了。在中山国出土的四龙四凤铜方案上，四条龙的龙头分别托着一个斗拱，斗拱托起上面的案框。可见，当时的建筑上已经有了这样的斗拱结构。

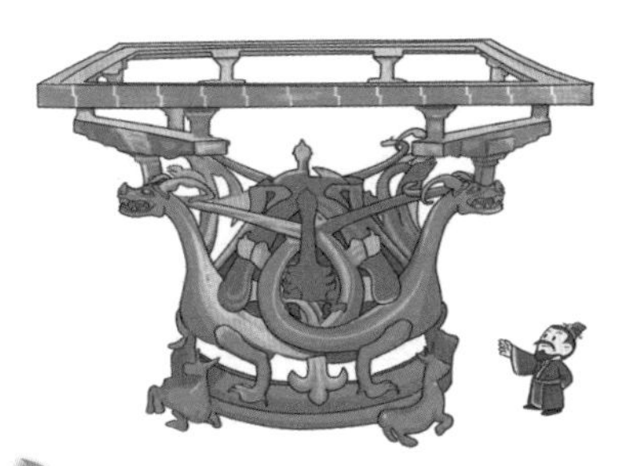

斗拱和小伙伴们

在斗拱结构中，除了斗和拱，还有升、昂、翘几个小“伙伴”。升和翘长得都很像拱，只有昂（也叫飞昂）斜放在拱中，一端伸展，有如展翅的小鸟。

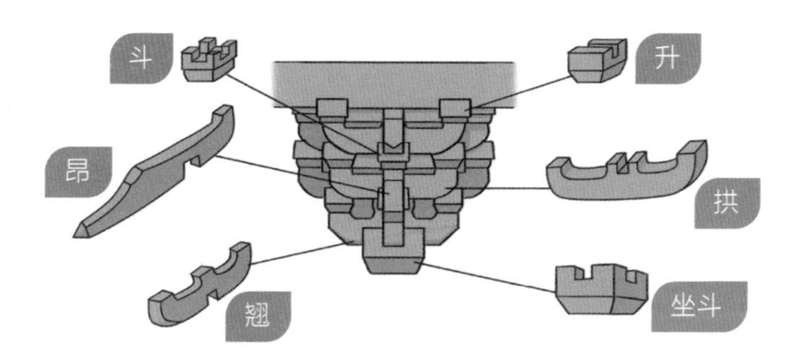

世界上独一无二的木构件

斗拱位于柱和梁之间，承上启下，可以很好地承重，又能传递、分解压力。室外的叫外檐斗拱，室内的叫内檐斗拱。一层层的斗拱往外出挑，能增加距离，使出檐更深远，造型更优美、壮观。斗拱还能区别建筑的等级，斗拱越复杂、繁丽，就代表建筑的等级越高。斗拱还是抗震“小能手”。

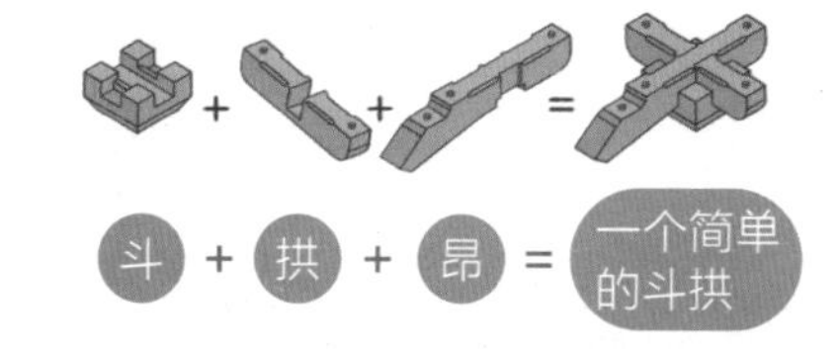

斗上放拱，拱上放斗，层层斗拱不断向外挑出，就像一朵朵盛开的花，所以，每组斗拱的单位就叫“朵”。

故宫太和殿的屋顶重2000多吨，历经多次地震却没有损坏，是因为斗拱依靠榫卯连接，木块之间又有松动的空间，能抵消地震产生的冲击力。

你知道吗？

在中国古代建筑中，最富有装饰性的特征一般都会被皇室垄断，斗拱也不例外。从唐朝开始，斗拱就被禁止民间使用了。紫禁城太和殿有3万多个斗拱，建筑等级最高。

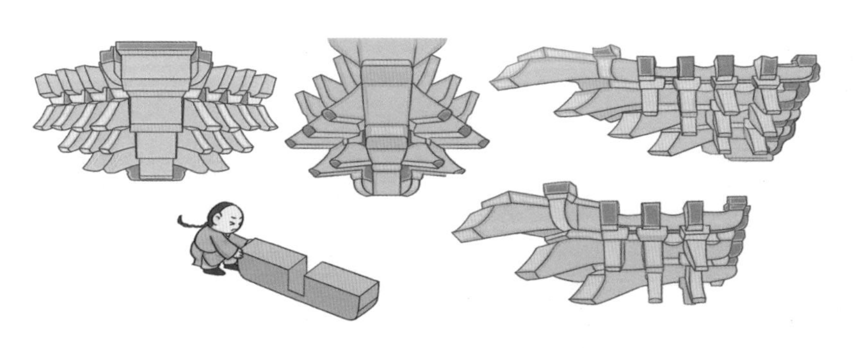

应县木塔有“中国斗拱博物馆”之称，使用了54种斗拱，共480朵。

82 汉中栈道

悬崖峭壁上的“天路”

战国时，秦惠文王（公元前356年—公元前311年）觊觎（jì yú）蜀国富饶，但蜀道险峻，易守难攻。秦惠文王想了个主意，对蜀王说，秦国有5头能拉出金子的石牛，想送给蜀王。贪财的蜀王万分激动，连忙派出5位壮士带众人在陕西秦岭、巴山凿山开道，建成一条金牛道，将石牛引入蜀国。没想到，秦军尾随在后，一举攻灭了蜀国。而这条金牛道则和秦汉时修建的其他几条栈道一起构成了汉中栈道网络，连接起秦蜀两地，促进了经济文化交流。

在陕西汉中境内，有4条栈道穿越秦岭，连通关中地区，分别是子午道、傥（tǎng）骆道、褒斜道（也叫北栈或秦栈）、陈仓道。有3条栈道穿越大巴山，连通巴蜀地区，分别是金牛道（也叫南栈或蜀栈）、米仓道、荔枝道。

你知道吗？

远古时，原始人在秦岭下面的河谷狩猎、采集野菜野果，无意中穿越了秦岭，踩踏出了道路。战国时，人们沿着先人的足迹，在秦岭、巴山的峭壁上修建了栈道。

怎么修建栈道

古栈道大多沿着河谷修建，因为河谷较为平缓。栈道的宽度一般为 3 米左右，有的栈道宽 5 米以上，可容纳两辆马车并排通过。

空中的楼阁

为了防止崖壁上的土石掉落下来砸到人马，有的栈道会加盖顶棚，仿佛空中楼阁。栈道也因此被称为“阁道”。

奇妙的排水法

在栈孔下开一条细细的凹槽，雨水会顺着凹槽流走，保证了栈木的干燥。

平梁立柱式栈道

主要的栈道类型。先在峭壁上凿出方孔，插入横梁；然后在河底岩石上凿孔，插入木柱；最后在横梁上铺地板，柱、梁都用榫卯结构连接。

斜柱式栈道

在悬崖上凿出斜孔，安上斜柱，以支撑横梁。

干梁无柱式

在石壁上凿孔，插入石柱木梁，铺上地板，犹如今天房子外面伸出的阳台。

明修栈道，暗度陈仓

褒斜道是秦汉时的官驿大道，相当于国家的“高速公路”。秦朝末年，刘邦和项羽争霸，刘邦想攻打项羽，就假装要修复之前被烧毁的褒斜栈道，让项羽以为自己要从这里出击，暗地里却偷偷地从陈仓道出兵，将项羽打了个措手不及。

83 都江堰

神奇的无坝引水工程

战国时期，诸侯争霸，都想一统天下。秦国经过商鞅变法，国力强盛。秦昭襄王（公元前325年—公元前251年）认识到巴蜀战略地位的重要性，便派谙（ān）熟天文地理的李冰为蜀郡太守。李冰上任后，注意到岷江的位置比成都平原高几百米，发洪水时像一个巨大的水盆倒扣下来，干旱时成都平原又颗粒无收。于是，他和儿子带领众人利用地势修造了都江堰，使蜀郡沃野千里，成为“天府之国”。

都江堰修建场面

你知道吗？

都江堰是无坝引水工程，主要由鱼嘴、飞沙堰、宝瓶口三部分组成，另有附属工程百丈堤、人字堤等，科学地解决了江水自动分流、自动排沙、控制进水流量等问题，消除了水患。今天，都江堰仍在浇灌农田，造福人类。

都江堰为什么伟大

你可能想问，古代有很多大坝，为什么都江堰与众不同呢？因为那些大坝都需要人工放水、蓄水，都江堰却能自己调节水的大小，还能自动排沙。这种自动化离不开它的三大工程：宝瓶口、分水鱼嘴、飞沙堰。

分水鱼嘴的作用

鱼嘴是个分水堰，岷江的水被分在东边的，称为内江，水从这里流入宝瓶口；被分在西边的，称为外江。洪水泛滥时，可以从外江排走。

宝瓶口的作用

岷江东岸，江水涌向西边，导致洪水泛滥，东边却很干旱。李冰凿开大山，通过宝瓶口把水向东引流。西边不再发洪水，东边又能灌溉。

飞沙堰的作用

大洪水来临时，飞沙堰能自动溃堤，让水回到岷江正流；岷江挟带的泥沙、石块甚至千斤巨石，飞沙堰都能利用离心力把它们抛入外江，使宝瓶口不会淤塞。

让大山“热胀冷缩”

蜀地山势高耸陡峭，巨石嶙峋，怎么才能挖凿都江堰呢？李冰想了一个办法，让人用火烧山，等岩石变得通红滚烫时，再泼上冷水。根据热胀冷缩的原理，岩石炸裂开来。之后，再一点点凿开岩石。

岩石烧热了，快泼冷水吧！

“拦江龙”的功劳

岷江水流汹涌，石块放到江中后都被冲走了。于是李冰让人用竹篾编成长长的笼子，里面装满石头，再沉入江底。当无数个装满石头的竹笼摞在一起后，水的冲力减小，都江堰的分水鱼嘴、飞沙堰才得以修成。

你知道吗？

都江堰修成后，李冰让人造了3个石人立在江中，规定水位高时，不能高过石人的肩膀；水位低时，不能低于石人的脚。这是中国早期的水位观测设施。他又做了石犀牛沉入江底，规定每年淘淤沙时，挖到石犀所在的深度即可。

神奇的工具

都江堰修建好之后，朝廷建立了专门的管理机构，负责每年对都江堰进行整修，这叫“岁修”。岁修时，会用到很多有趣又神奇的工具。

杩　槎

把木头绑成三脚架，就成了一个杩槎（mà chá）。许多杩槎连在一起，用长木条钉起来，再用竹席围起来，垒上黏土，一个临时的大坝就建好啦。用杩槎把水拦住后，工人们就能维修都江堰了。

杩槎

竹笼卵石

竹笼卵石

用竹篾编成长长的笼子，里面装满石头，就叫竹笼卵石，可以用它压住杩槎，也可以直接拦水，卵石间的缝隙能减少水流的冲击力，使杩槎不易被冲垮。

卧　铁

卧铁就是一根根粗铁棒，把它们放在江中，和李冰当年使用的石犀牛一样，用来标记淘挖泥沙的深度。

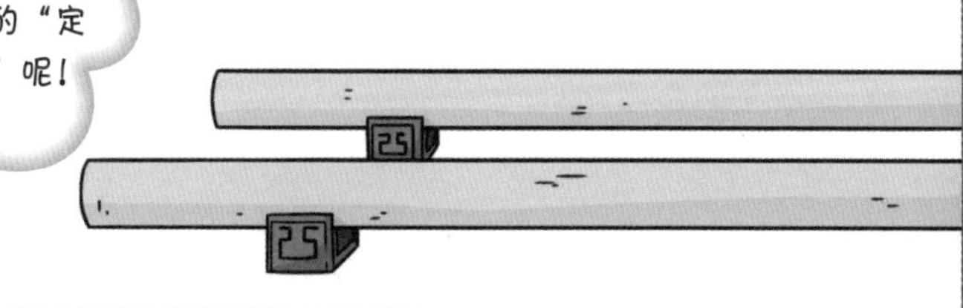

卧铁

84 郑国渠

一个“间谍”建造的水利工程

战国末期，强大的秦国总是对其他诸侯国虎视眈眈，弱小的韩国国君韩桓惠王担心被秦国吞并，想出了一个“疲秦”的计谋，派人去游说秦王修渠——修渠工程浩大，会消耗大量人力、物力、财力，使秦国没有精力再对付韩国。这个人很快被推举出来，他就是水工郑国。在郑国的游说下，秦王嬴政（公元前259年—公元前210年）同意让他主持修建水渠，这条水渠就是郑国渠。公元前246年开始修建，约10年完工。

郑国渠全长300多里（约150千米），灌溉了20多万平方米土地，使关中平原成为沃野。秦国越来越富强，为吞并六国打下了基础。

完美的设计

郑国渠位于陕西省咸阳市泾阳县西北的泾河北岸，郑国为了把泾水引入洛水，把渠首选在仲山西麓谷口。这是一个峡谷的谷口，峡谷下游水量大，河道窄，不用建长堤坝，省力、省钱。河水奔涌到关中平原后，关中平原西北高、东南低，水从高往低流，十分通畅。

横绝技术

途中遇到河流怎么办？当然是拦住它，纳为己用。郑国渠遇到河流时，用横绝的方法把河流截断，将水导入渠中，增加了水量，还能使空出来的河床变成耕地。

让水“坐滑梯”

郑国渠的水底也有“故事”。渠底并不是平坦的，而是修出了一定的坡度。这样一来，水进入渠道，就像坐上了滑梯，一泻而下，流速很大。

地下的风光

水的流速大了，对渠壁的冲击也会变大，为了让渠壁寿命更长，郑国渠采用拱券设计，增加了渠壁的承压能力，使渠不会被轻易冲垮。

你知道吗？

泾水发源于黄土高原，水中有很多泥沙，泥沙中含有丰富的有机质，可以肥田，郑国便因地制宜，用淤灌的方法改良了关中的盐碱地，把泥沙变害为利。他还修建了一个退水渠，能让多余的水退回泾河，达到泄洪的目的。

85 长城

世界上最长的防御工程

2200 多年前，擅长骑射的北方游牧民族经常入侵中原。春秋战国时期，有人提议：修建一道高高的墙，游牧民族的骑兵就过不来了。于是，秦国、燕国、赵国就在各自的地盘上修起了蜿蜒的高墙。这就是早期的长城。秦始皇（公元前 259 年—公元前 210 年）吞并六国、建立秦朝后，游牧民族依然时常侵扰，秦始皇派大将蒙恬率领 30 万大军打败了他们。之后，蒙恬主持修建长城，把之前修好的 3 段长城连起来，并继续修造，总长度超过了万里，被称为“万里长城”。

关城

关城是长城上的防御据点，有“一夫当关，万夫莫开”之险。

城墙

城墙垛口下有射洞、礌（léi）石孔，可以从这里观察、射击入侵之敌。

烽火台

每隔5里或10里有一座烽火台（烽燧），一旦发现敌情，就白天放烟，夜里放火。白天阳光明亮，人很难看清火光，但容易看到烟雾；而夜间则容易看到火光。烟火由烽火台一个个依次传递下去，从敦煌到咸阳只要3~4天。

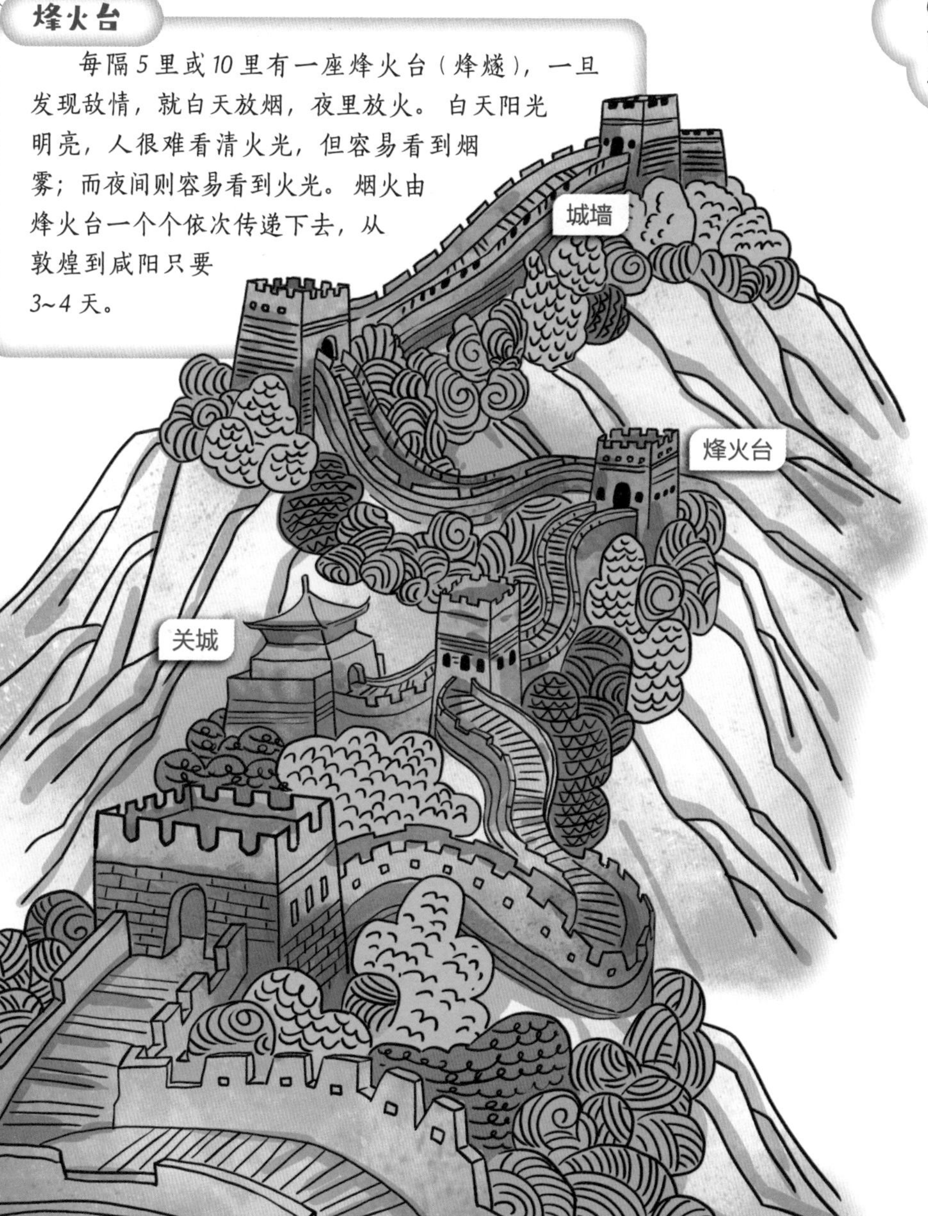

长城是谁修建的

一是戍守边境的将士，二是被强征而来的百姓，三是被发配充军的犯人。

长城是怎么修建的

长城太长了，要分成一段一段，由不同的将领承担各自地盘上的修建任务。

天然屏障

长城不是建在平地上的，而是要越过崇山峻岭、深谷湍流。秦朝人遵循地形，把自然屏障作为天然长城，和人工修造的长城结合在一起。

长城是用什么修建的

当地有什么材料，就用什么材料修建。如果在高山峻岭上，则直接开采石头；如果在平地高原上，则就地取土夯筑；如果在西域荒漠中，则用芦苇、红柳条铺上砂石修建。

砖、瓦从哪里来

修建长城需要砖、瓦，这些东西很难被搬运到深山大川，那怎么办呢？古人想了个好办法：就地开窑，现场烧制。

糯米灰浆技术

用黄土和杂草砌墙不够坚固，明朝人便把糯米汁和石灰混合，制成糯米灰浆，来增加黏性，使城墙坚固。

明朝的长城

明长城由砖石和土构成，修建技术最为成熟。如果把修建明长城的材料铺成一条宽 2 米、厚 1 尺（33.33 厘米）的道路，可以绕地球 10 圈。

怎么运送砖石

砖石虽然能就地取材，但还是需要运输。古人会自己背、拉、扛砖石，也会用小推车运载，还会“请”善于爬山的动物来帮忙。比如把砖石绑在山羊角上，由山羊运输；遇到沟壑（hè）峡谷时，可用飞筐走索的办法，把绳索固定在两边，把砖石装在筐里，让筐顺着绳索滑过去。

深深的沟

城墙外面挖有深沟，挖出来的土可以筑墙。这样一来，废土就不用拉走，墙也筑起来了。深沟里引入水，游牧民族的骑兵很难越过。

能排水的墙

长城的墙根有小水槽，能引导水流到城墙外，是一种很巧妙的排水系统。

你知道吗？

长城是世界七大奇迹之一，是古代中国人民智慧与劳动的结晶。今天所见长城多为明朝所建，西起甘肃嘉峪关，东到辽宁丹东虎山长城。中国历代长城的总长度为21196.18千米，是人类文明史上最大的单一建筑物之一。

86 灵渠

让水能爬坡

秦始皇统一六国后（公元前 221 年），命大将军屠睢带领 50 万兵马南征百越。秦军到了南方后，遭到了当地人的顽强抵抗，加上山川地势艰险，道路不便，秦军长达 3 年时间都无法前进，军粮供给也困难重重。秦始皇无意退军，下令在湘江和漓江之间修造一条人工运河，这就是灵渠，由史禄负责修建。灵渠修成后，军粮被快速运送到岭南，不久，秦始皇就征服了岭南。

史　禄

主导灵渠修建的人叫“史禄”，但他不姓史，只是因为他担任监御史，后人便称他为“史禄”。当时没有计算机、测量仪器、爆破物资，史禄就和他的伙伴们用目测、步测的方式，准确地测算出了这项浩大工程所需要的所有数据，令人惊叹。

不可能的任务

经过无数次艰辛的勘察，史禄和伙伴们认为，应该把湘江和漓江连接起来，也就是把长江水系和珠江水系连起来，把江南和岭南连起来，形成一条畅通的水路。可是，湘江和漓江是南辕北辙的两条江，并且湘江水位低，漓江水位高，要想把湘江引入漓江，就相当于让湘江的水翻岭、爬坡，水怎么能爬坡呢？在人类史上还没有这样的先例啊！

爬坡的办法

史禄没有被难题吓住，他和伙伴们策划出一个宏伟的构想，用铧堤、大小天平、陡门等几个部分把两条江连起来，让水爬坡！

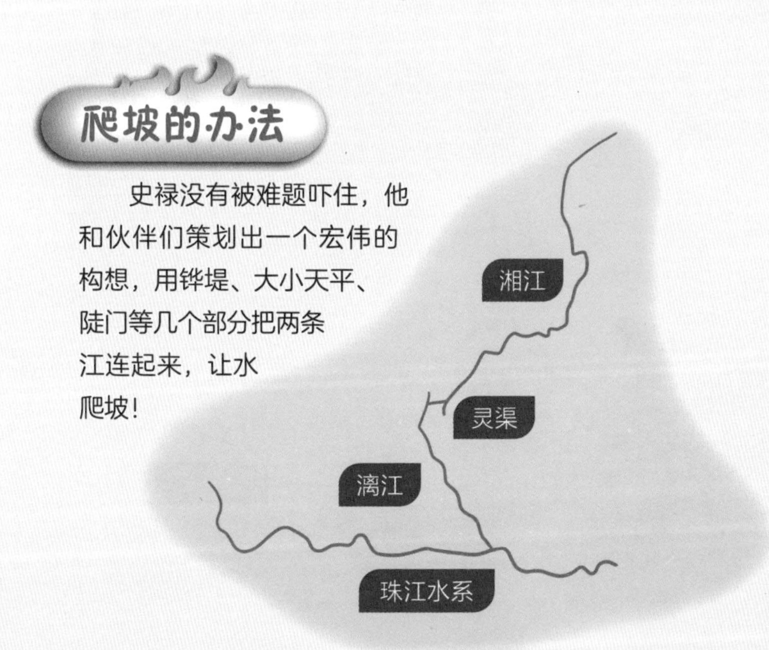

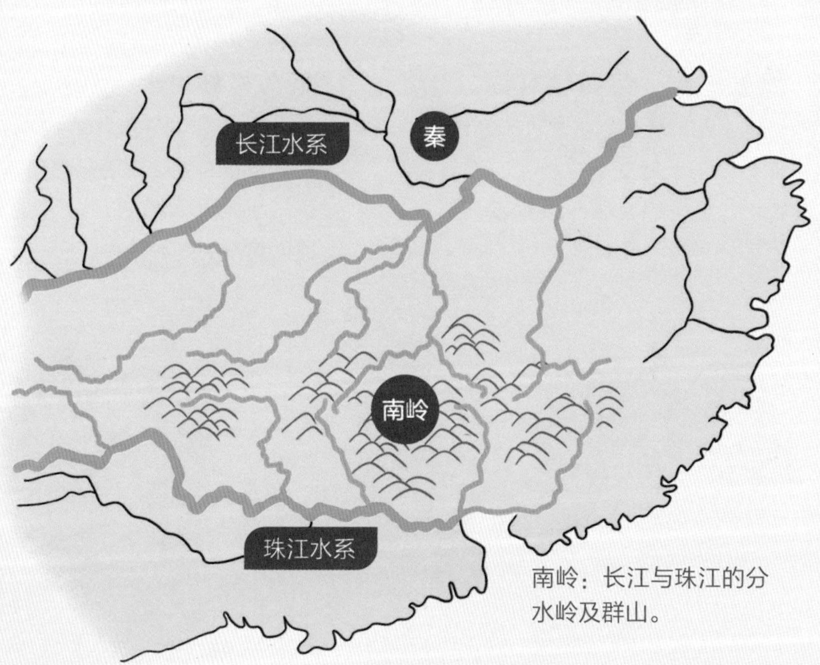

南岭：长江与珠江的分水岭及群山。

强行分水的铧堤

铧堤是一个石坝，强行把江水分成了两半，三分流入漓江，七分流入湘江。

铧嘴

铧堤俗称铧嘴。你知道耕地用的犁铧吧？铧嘴就是这么来的。

人字堤

拦河的堤坝由大天平、小天平组成，大、小天平连在一起，很像一个“人”字，抗压力很强哦。

大天平和小天平

江水被铧堤分成两半后，一小半沿着小天平流入南渠，一大半沿着大天平流入北渠。

怎么在砂石上建石坝

先打木桩，铺上松木桩，再把巨石压在松木桩上，使大、小天平能够在砂石上修建，承受洪水冲力。

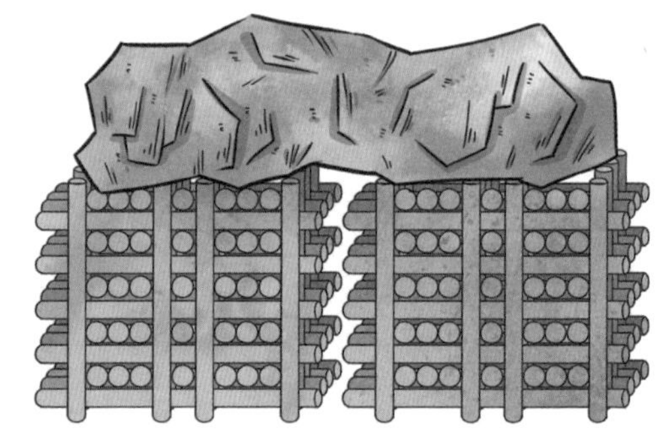

怎么“锁”住两块石头

先在两块巨石间凿出燕尾槽，再把铁码子放在燕尾槽中，就能把两块石头锁紧啦。整个石坝都是这样“锁”起来的。

怎么抵挡洪水

把鱼鳞石“立”着砌筑，即使洪水席卷，但作用力往下去，鱼鳞石反而会越插越深，洪水挟带的泥沙冲进鱼鳞石的缝隙中间，使石头更加稳固。

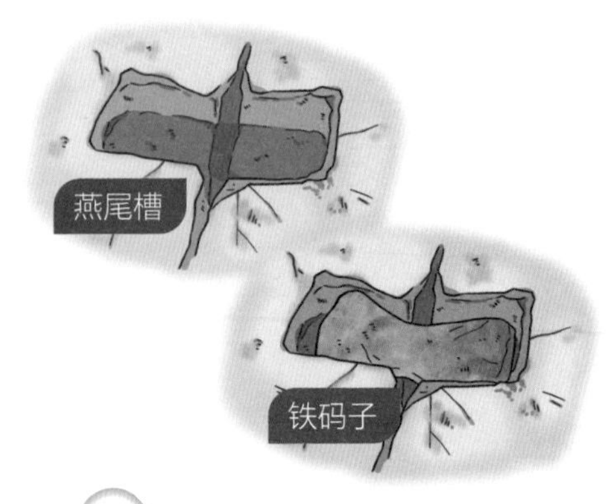

陡门："世界船闸之父"

江水流过大、小天平后，进入了陡门。陡门就是古代的船闸。船一进门，闸门就落下来，水位就会慢慢升高，不久，船只就能沿着悬崖峭壁一路而上，爬坡过岭了。这是世界上第一个提水通航工程。

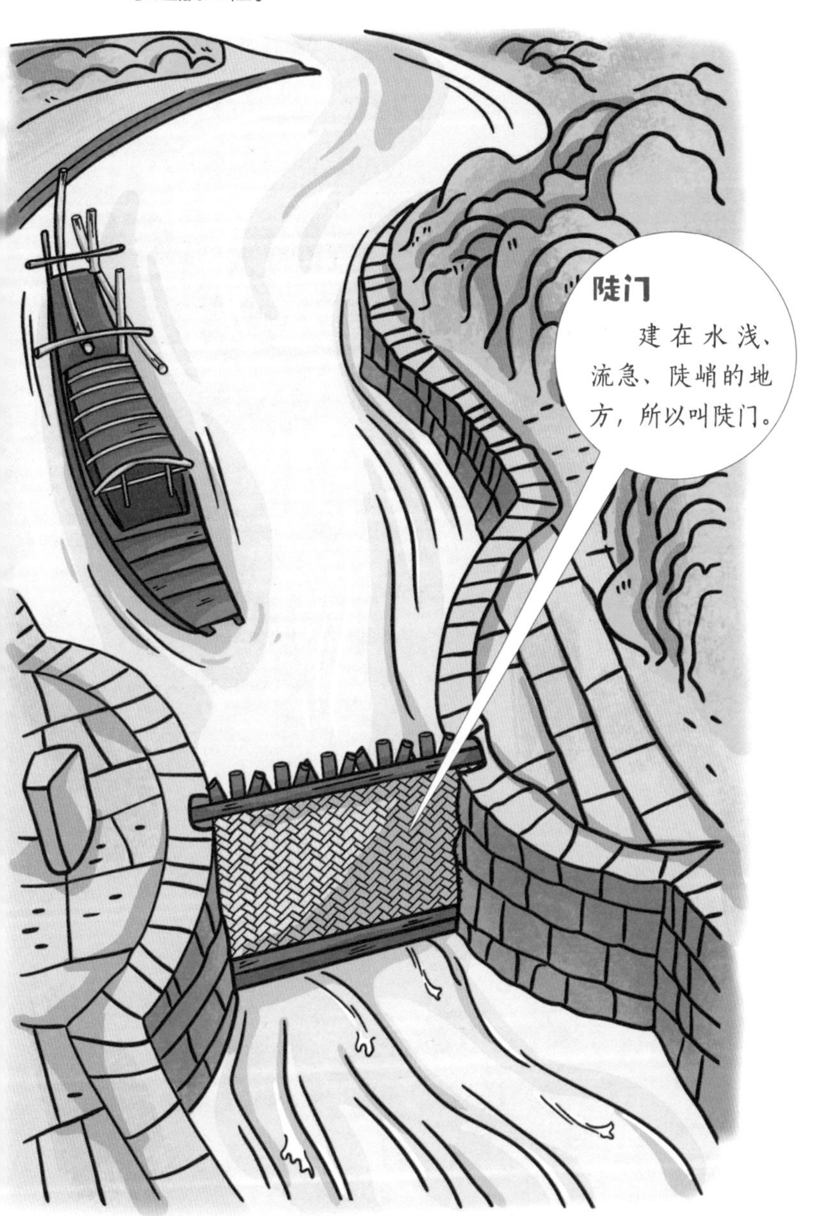

神奇的船闸控制

灵渠共有 36 个陡门，通过控制不同的陡门，可以满足不同的通航需求。

陡门是怎么建成的，至今还是一个谜，一些专家推测：

可能是在两边堤坝上搭上木杠，在木杠上放上木架。

在木架外，放上木排。

在木排外，放上席子。

用绳子环环相扣，最后系在牛鼻上。牛鼻是在堤坝的巨石上凿出的孔。

你知道吗？

作为中国第一条人工运河，灵渠的开凿十分不易。古人只能用铁锥、铁钻一点点开凿山体，用锄头、铲子一下下挖开渠道，更何况还要穿越艰险的山川大河。灵渠在当时绝对是惊世之作哦。

87 秦陵铜车马

“青铜之冠”

公元前247年，嬴政成为秦国的诸侯王。虽然年仅12岁，但他当年就命人在骊山为他修建陵园了。这个工程非常浩大，伴随他吞并六国，建立秦朝，成为始皇，甚至在他撒手人寰后又修建了一年多时间，才算建完，耗时39年，动用了70多万人。陵园复制了都城咸阳的布局，壮观奢华，除了地宫，还有600多座陪葬墓、陪葬坑，举世闻名的铜车马就出土于陪葬坑中。

为什么是青铜中的“王者”

秦始皇陵出土了两辆铜车马，被称为“一号铜车马”“二号铜车马”。两车的零件加起来有 7000 多个，接口近 7500 个，焊接口有 1000 多个，所有细节都按照真实的车马制造，工艺远超已出土的其他青铜器，被称为“青铜之冠”。

铜车马零件

给铜车马“做手术”

秦陵铜车马出土时，一号铜车马碎为 1360 多块，二号铜车马碎为 1650 多块，加上 2000 多年的土层挤压，很多部件已变形，要对它们进行“整形”“正骨”手术。修复人员经过 8 年的艰辛努力，终于使它们重现于世。

你知道吗？

今天，你在博物馆里看到的铜马车没有绚烂的色彩，其实，它们本来是彩绘的。马为白色，马的鼻孔和嘴巴为粉红色。驾车人的脸上有两层彩绘，底层为粉红色，上层为白色，自然生动。车身彩绘斑斓。只不过铜车马出土时，由于年代久远，加上出土后氧化，颜色大多已经剥落。

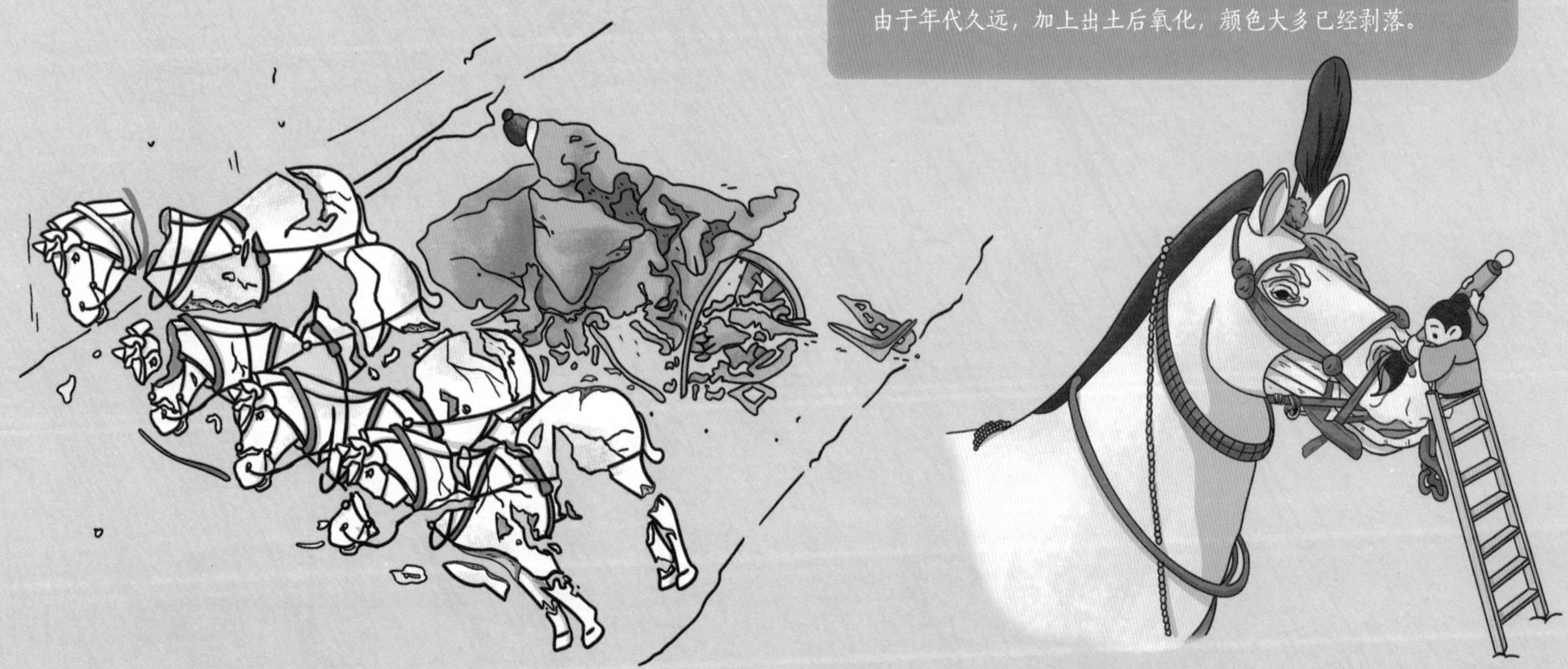

一号铜车马：立车

立车也叫高车，长 225 厘米，高 152 厘米，重 1061 千克。车上有兵器，当皇帝出行时，它负责在前面开道，有警卫、征伐的作用。

伞盖

伞盖直径 1.22 米，是一把很实用的遮阳伞、避雨伞，又可使驾车者远望四方。

纛（dào）

竖起的缨子叫纛，只有皇帝的马车才会有，是帝王的标志。

伞中藏着秘密

伞暗藏玄机，可以拿下来，伞面是盾，伞柄中藏着刀剑，还能组装成长矛。

机关

古代道路颠簸，车多为木车，为了行驶时伞保持稳定，秦朝人安装了一个类似插销的机关。还有一个自锁机关，只要拉动铜环，锁就不能打开。这两个机关还相当于减震器。

天圆地方

伞为圆形，与长方形的车厢搭配，象征天圆地方。

车轮

车轮有 30 根辐条，秦朝时以 30 天为一个月，车轮滚动象征日月轮转。

铜马的肚子

铜马内里的材质是泥质的，含有小沙砾、谷壳、植物纤维等，这样可以节约青铜，减轻重量，导热也慢，不会因为热胀冷缩而破裂。

二号铜车马：安车

安车长 317 厘米，高 106.2 厘米，重 1241 千克，分前室、后室。前室小，只够驾车者一人乘坐；后室大，有一个乌龟壳一样的篷盖，是为秦始皇定制的。

焊接技术

为了用青铜表现皮革的柔韧，马的项圈等配件被做成无数个小节，小节和小节之间有几千个接口，但焊接处即使用 24 倍放大镜观察，也找不到焊缝。

拉丝技术

装饰马的璎珞由青铜细丝制成，每根丝的直径只有 0.1 毫米，是世界上最早的金属拉丝工艺。

御官俑

跪坐，佩剑，脸庞丰满，神态恭谨，制作逼真。

铸造技术

椭圆形的车篷是整体铸成的，最薄处只有 1 毫米，最厚处也只有 4 毫米，至今仍不知它是如何铸成的。

冶炼技术

铜马车的主要成分是铜、锡、铅，但不同部位使用的比例不同。如车架要求强度大，含锡量高达 30%；缰绳要求韧性好，含锡量为 6%。

防腐蚀技术

马身有一种白色的膜，只有 0.1 毫米厚，是一种用树脂和白色矿物制成的“防腐剂”。白色物质脱落的地方会生锈。

88 秦陵兵马俑

沉睡千年的地下军团

很早以前，人们对大自然和人本身了解不多，认为世间有神鬼存在，于是，人死后，后人会将其生前使用的物品及婢妾仆从等殉葬。到秦朝时，人殉的次数和人数就很少了。但由于秦始皇是依靠兵强马壮的军队统一天下的，大概也希望有这样一支军队能一直守护自己，于是召集能工巧匠，用陶土塑造了一支庞大的地下军团，按战场上的真实队形排列，似乎只等他一声令下，就开始冲锋陷阵……

你知道吗？

兵马俑所在的坑，并不是简单的土坑，而是用土夯实地基，然后用黄土建起一堵堵隔墙，隔墙两侧排列着木柱，在柱上放横木，在隔墙和横木上搭盖棚木，再在棚木上铺苇席，覆盖黄土，做好坑顶。坑中地面上铺一层青砖，再把兵马俑搬进去，用木头堵住门道，用土填实，地下军团就被封闭在这个空间里了。

将军俑

为高级军吏俑，头戴鹖（hé）冠，胸系蝴蝶结一样的花结，可能是军阶标志。

鹖冠是什么冠

鹖鸡就是褐马鸡，生性勇猛，斗争时至死方休。古人延伸这种精神发明出了鹖冠，“鹖冠，武士戴之，象其勇也”。

军功爵位制

秦有20级军功爵位制度，以激励士兵勇敢打仗。如果士兵斩杀一名甲士（军官），就可获得田地奖励，还可晋升为公士（第一级爵位），因此，士兵干劲儿十足，秦朝也拥有了当时世界上最强大的军事力量。

军吏俑

分为战袍军吏俑和铠甲军吏俑。

车兵俑

战车上的军士。

驭手俑

马车的驾驶者，地位至关重要，有时会关系到战争的胜负。

车马俑

驾挽战车的马，四匹为一组，拖一辆战车。

鞍马俑

骑兵使用的马，马背上塑有鞍鞯（jiān）。

跪射俑

身穿铠甲，手持弓弩，与立射俑一起组成弩兵军阵。

立射俑

手拿弓弩，和跪射俑一起组成弩兵军阵。

武士俑

军阵的主体，分战袍武士和铠甲武士。

骑兵俑

衣服短小轻巧，一手牵马，一手持弓，多用于战时奇袭。

拼出来的人俑

兵俑看起来浑然一体，没有连接痕迹，实际上，它可不是整体烧制的，而是分为好几个部分单独制作然后再拼接到一起，只是因为技术高超，很难被看出来。

神奇的模塑结合

秦朝人是用了什么神奇的方法才制作出这样浑然一体的人俑的呢？它就是模塑结合法。“模”是模具，“塑”是雕塑。人俑的腿、脚这些部位差别不大，就用模具制造。人俑的脸各不相同，差别很大，就用雕塑的办法。用模具能批量制作部件，提高效率。

兵俑制作流程

制作底板。

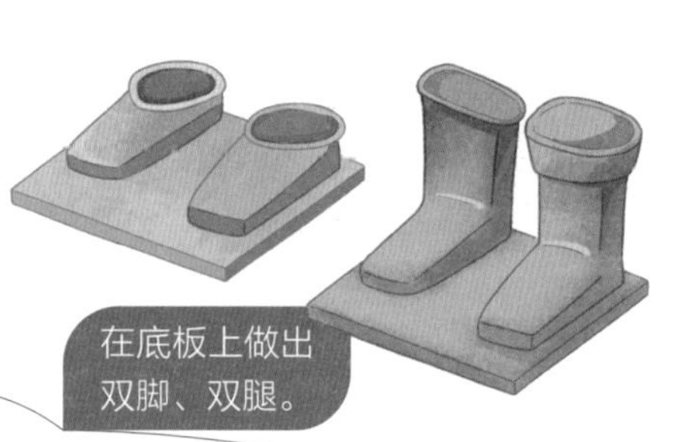

在底板上做出双脚、双腿。

用泥条盘筑法制作躯干，并拍打定型。

安装上提前做好的双臂；再覆上泥，塑造出铠甲、衣服褶皱、腰带等细节。

放入窑炉中烧制。

将提前做好的头和双手插接在躯干上。

进行彩绘，气宇轩昂的兵俑就制作完成了。

红：朱砂

黑：炭

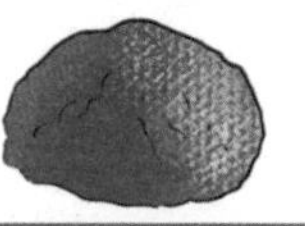

紫：朱砂及硅酸铜钡

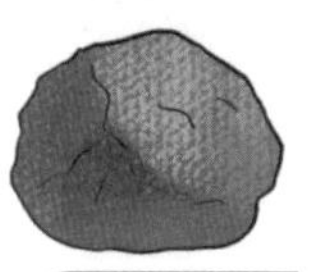

蓝：石青

深红：氧化铁

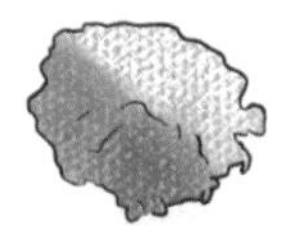

白：高温焚烧后的骨灰

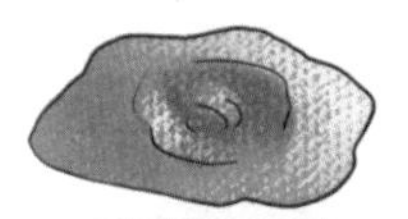

绿：石绿

消失的色彩

很多人可能都不相信兵马俑是彩色的。兵俑身上有十几种颜色。它们的皮肤是粉色的，头发是黑色的，衣服上以红、绿、黄、白、黑为主，颜色明亮耀眼。只不过，历经千年岁月，加上出土后氧化，颜色都脱落、褪掉了。

绿面跪射俑

1999 年，秦始皇陵兵马俑坑出土了一个脸为绿色的跪射俑。这个跪射俑是所有兵俑中唯一的一个绿面孔，有人猜测他可能是秦朝军队里的“特种兵”。

千人千面的秘密

为了创造气势磅礴的地下军团，秦始皇令人制作了很多兵俑。不过，人俑虽多，却个个不同，每一个人俑的脸和表情都不一样，有“千人千面”的说法。秦朝工匠先用模具做出头的大体轮廓，在轮廓上覆泥，然后手工雕刻细节，塑造出眉眼、胡须、头发等，这时候的兵俑就有了个性和灵气。

89 墓陵防盗机关

埋在地下的智慧

古代帝王陵墓陪葬了许多珍宝，为了防盗，古人设计了一些精巧的防盗机关。

唐朝末年，黄巢起义。为了筹措军费，他率领几十万人来到乾陵，想盗掘唐高宗李治和武则天的合葬墓内的陪葬珍宝。乾陵位于陕西省咸阳市乾县北部的梁山。黄巢军队几乎将梁山挖空，甚至挖出了一条 40 多米深的大沟（被称为“黄巢沟”），依然没有发现地下墓葬的影子，只能空手而返。乾陵能逃过一劫，依靠的就是古代工匠高超的防盗技术。

积沙墓

匠人在建造墓葬时，会在墓室上方填充沙子，盗墓贼来挖掘时，刚挖开下面的沙子，上面的又会流下来，填满盗洞，使盗墓贼无法进入墓室。

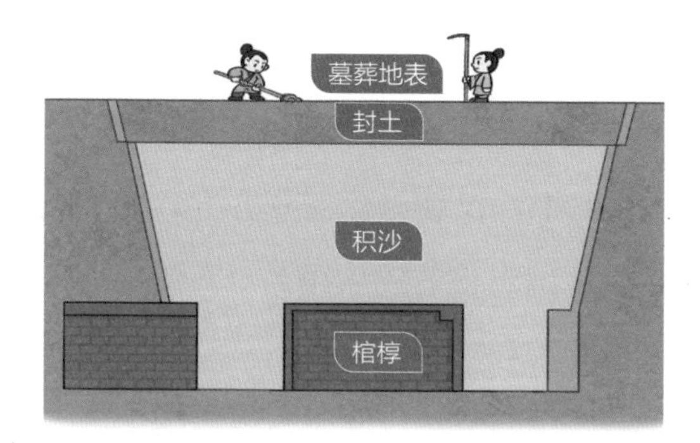

积沙积石墓

积沙积石墓是积沙墓的升级版，就是在墓道、墓室周边不仅填埋大量细沙，还在细沙中加入了大小不一、棱角锋利的石块。当盗墓贼挖洞时，石头会因沙土松动而落下，将盗墓贼砸死。战国郭庄楚墓曾被盗掘过至少17次，仍未挖通墓室，而墓室下面才是墓主人和随葬品所在之地。

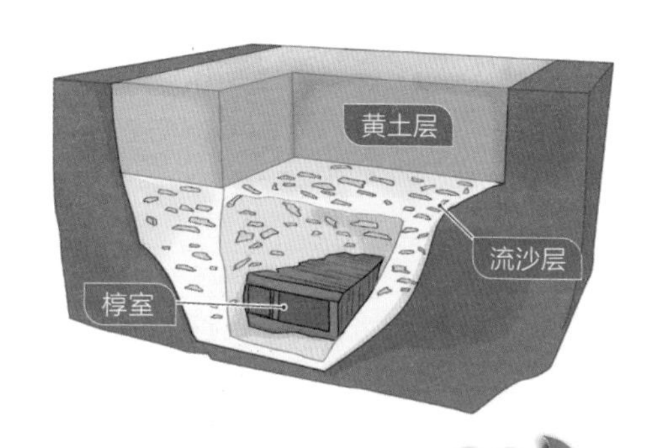

你知道吗？

为使沙子流动性更强，古代匠人使用的是烘炒或曝晒过的细沙，极为干燥，只要稍微挖一挖就会“温柔”地流过来。

依山建墓

在山体中开凿墓室，然后用石块封住墓道，与大山浑然一体，既坚固，又隐秘。乾陵就是这种墓，所以，黄巢大军始终无法找到墓道、墓室。

伏弩暗箭

《史记》中记载，秦始皇陵内部有“机弩矢”，就是“伏弩”。伏弩是一种隐蔽的防盗机械装置，一般以墓门为触发机关，墓门一开，箭如雨下。

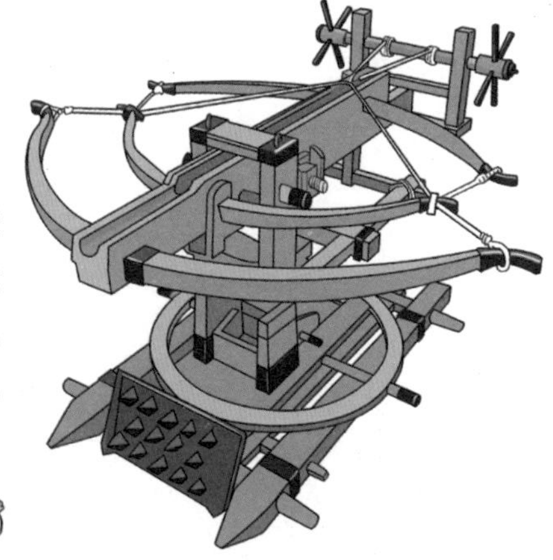

墓门机关

即使盗墓贼侥幸进入了墓道，也未必能通过墓门，因为墓门后常有自来石。这块石头与墓门、地面构成了一个直角三角形，非常稳固，盗墓贼很难从外面推开。

连环翻板

匠人还会在墓道中挖一个深坑，在坑底放上倒插着尖尖的利器的板子，在坑的上面设置一种连环翻板，最后铺上一层伪装物。盗墓贼一旦踩翻了木板，就会落入陷阱中。

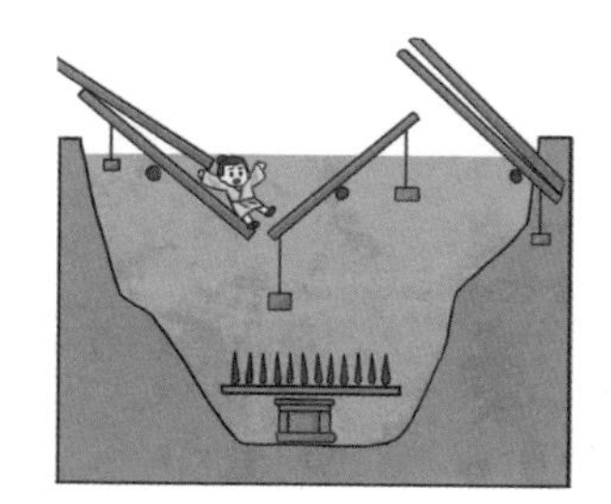

90 坎儿井

藏在地下的水利工程

很久以前，一个年轻的牧羊人来到了新疆吐鲁番。这里一片荒漠，阳光火辣辣的，有人劝他说：“水到不了这里，你去别的地方放羊吧。”牧羊人看到几丛绿色植物，说：“不，有草的地方一定有水！”他开始挖井，挖了几丈深后，果然涌出了水。为了不让灼热的阳光把水晒干，他每隔一段距离就挖一口竖井，然后进入竖井，挖了一条地下暗渠，就这样，水顺着暗渠潺潺而来……这就是坎儿井。汉朝时已有坎儿井，至今已有 2000 多年的历史。它是中国古代劳动人民为了在干旱地区取用地下水而创造的水利工程。

“一条”井

坎儿井是一个神奇的结构，它不是一口井，而是“一条”井。吐鲁番的先人从水源到村落的路上每隔 20~50 米打一口竖井，打了很多竖井后，再把一个个竖井打通，就形成了一条地下暗河，也就是暗渠，这就是“一条”井。

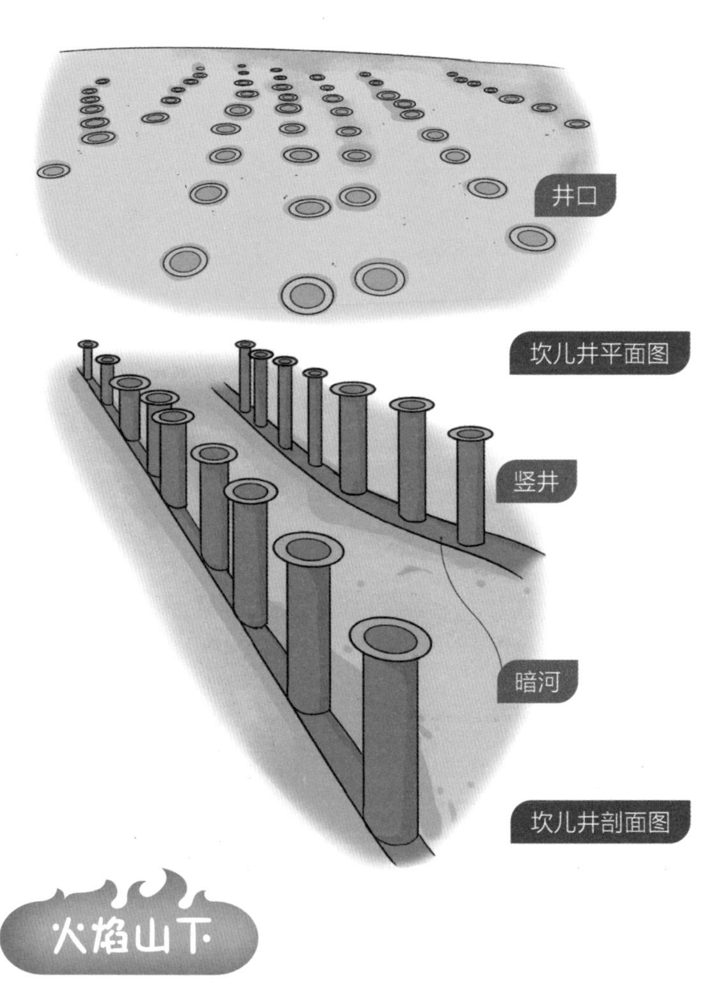

火焰山下

吐鲁番的火焰山下有很多条坎儿井。坎儿井的总长度超过万里，被称为“地下的万里长城”。

用木棍定位

你可能会有一个疑问：许多个竖井都在地下，竖井里的人彼此看不到、听不到，怎么才能确保正好挖通而不挖偏呢？古人发明了一种木棍定位法：在两个竖井口各挂两根木棍，竖井底部也有两根木棍，竖井里的人只要按照木棍的方向往前挖，就不会挖偏，各个竖井就这样被连起来了。

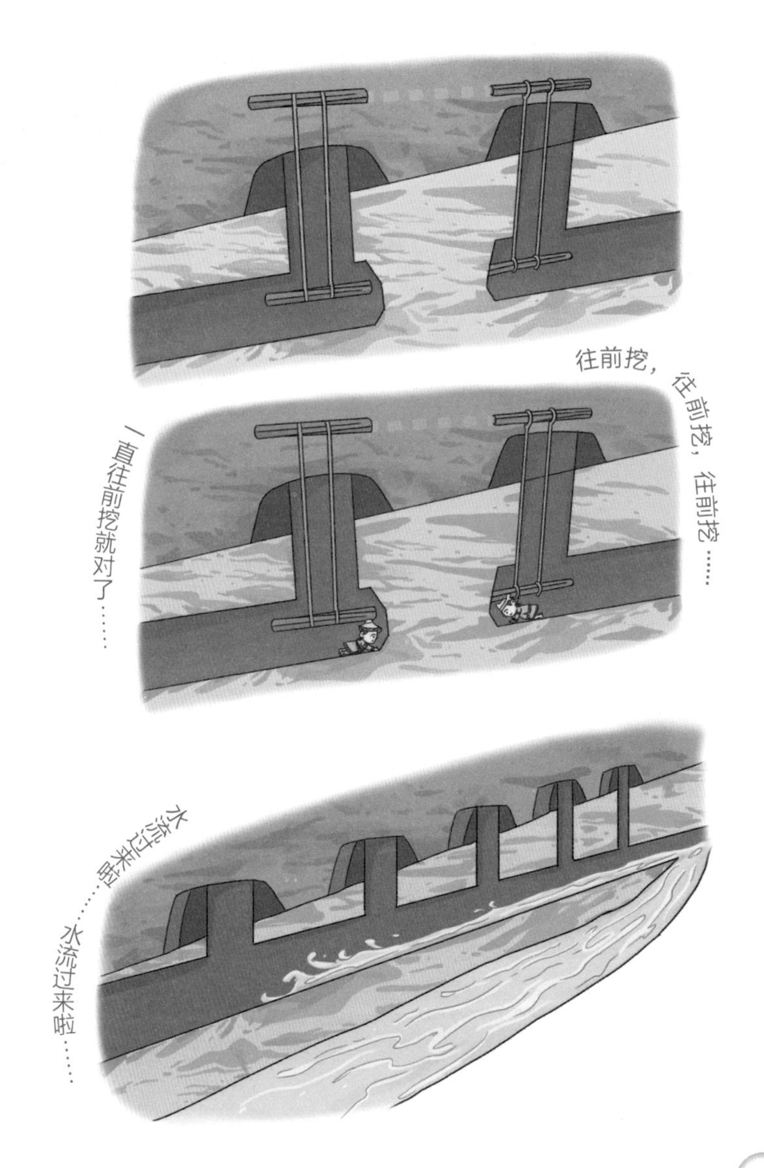

天山的雪水

坎儿井的水来自天山融化的雪水，雪水流下来时，被天山脚下的火焰山阻挡，于是，水从地下流走，形成了潜水层。如果水从地表流走，温度会达到 80°C 以上，没多远就蒸发没了。

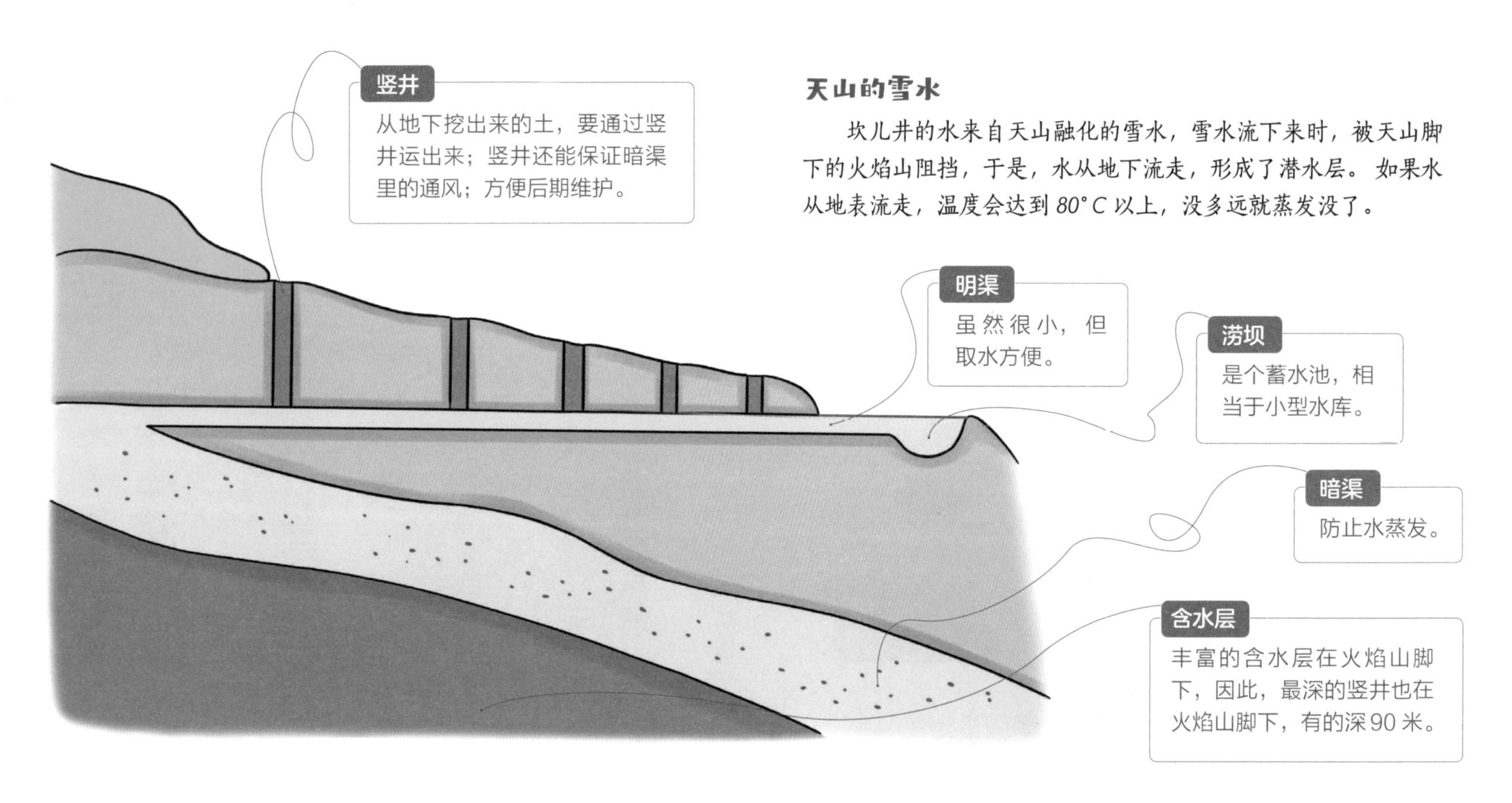

地下暗河

坎儿井的水是渗透到地下的，流得很慢，也叫“地下暗河”。

你知道吗？

挖坎儿井时，人们把土放在藤条筐里，用辘轳拉上来；如果竖井很深，就让牛帮着拉。所以，挖一条坎儿井需要很长时间。

“防晒”的井

坎儿井的水在深深的地下，不见太阳，隔绝了地面的高温，不会大量蒸发，又清澈干净。

给井“戴帽子”

大漠里风沙四起，且冬日酷寒，古人会用树枝、禾秆等把井口盖起来，就像给井戴上了帽子，避免井壁被冻坏，井被掩埋。

艰苦的挖掘

暗渠里寒气逼人，空间狭小，只能进去一个人，人要跪或蹲在冰水里掘土。

油灯逆向法

把油灯放在身后，人跟着自己的影子挖，就能挖出一条笔直的暗渠。油灯不仅能照明，还能测量井里的含氧量，如果氧气稀少或有瘴气，油灯就会熄灭，古人就会赶紧从暗渠里上来。

在地下“工作”的木头

在地下挖洞，如果沙层松散，就容易坍塌。古人便用木头把洞顶支撑起来。

91 莫高窟

璀璨的艺术宝库

东晋（公元317年—420年）时，僧人乐僔在远途行脚时路过敦煌鸣沙山，忽然看到金光闪耀，好像有万佛同时出现。他大为惊奇，认为这是佛的旨意，就在岩壁上凿了一个洞供奉佛像，留在这里修行。后来，一名叫法良的禅师继续修建佛窟，并给此处取名为“漠高窟”，意思是“沙漠的高处”。“漠”与“莫”通用，后人便改称为莫高窟。

石窟的“长相”

古人在莫高窟开凿了密密麻麻的石窟，那么，石窟是什么样子的呢？主要有中心塔柱窟、覆斗顶窟、殿堂窟 3 种。

中心塔柱窟

这就是塔柱啊，绕着它看四周的佛像和壁画还挺好玩的！

覆斗顶窟

看起来像一个帐篷，篷顶彩绘太华美了。

殿堂窟

哦，这里有一个佛坛，感觉非常庄严。

岩石上的壁画

你一定知道，敦煌石窟中有很多壁画。但你知道吗，很多壁画都不是直接画在岩石上的，而是画在一层特殊的画布上——地仗层。

画师和颜料

敦煌壁画是谁画的呢？大致有民间画师、流放敦煌的官员所带的画师、高薪聘请的中原绘画高手、五代时官办敦煌画院的画师等。他们没有水彩、彩铅等工具，是用什么颜料画出绚烂的颜色的呢？

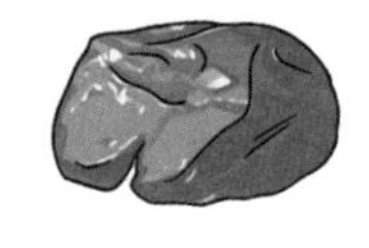
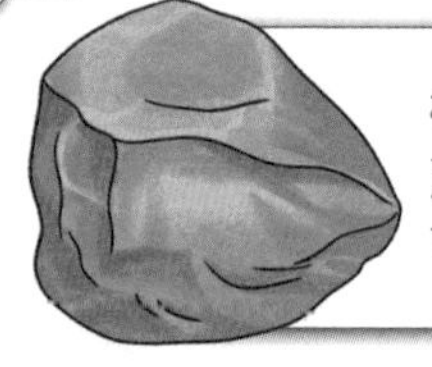
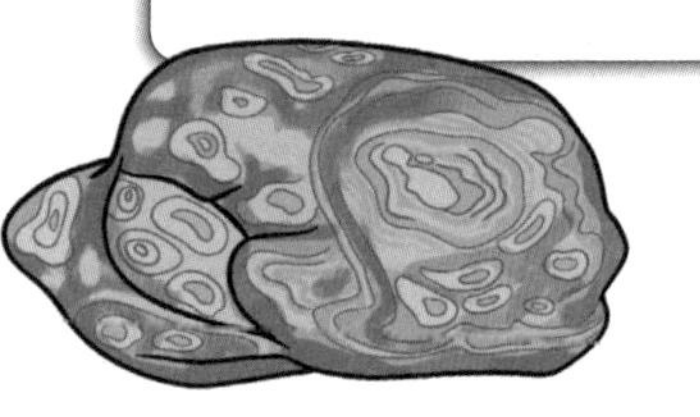

矿物颜料
朱砂：可做红色颜料。
青金石：可做蓝色颜料。
孔雀石：可做绿色颜料。

动物颜料
贝壳粉：可做白色颜料。

植物颜料
藤黄的树脂：可做亮黄色颜料。

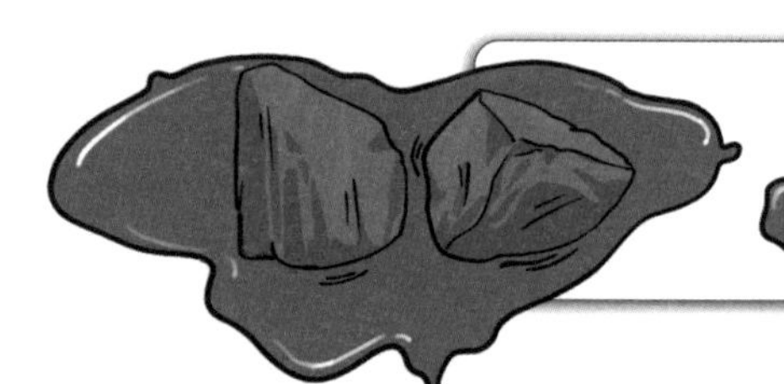

人工合成颜料
墨：可画黑色，由炭黑、皮胶、香料制成。

打打泥的主意

敦煌鸣沙山的崖壁多疏松的砾石，无法石刻，怎么办呢？古人打起了泥的主意，发展出了泥塑艺术。

小像
一般先用木料削出结构，再涂上一层细泥。

中像
用木头和植物扎出骨架，再敷上泥。

大像
先刻像，再在像上插上木桩，以便固定，然后敷上泥。

怎么让泥像光滑、不裂

取细土，加入一些黄土、麦秸（jiē）、麻棉等；加水搅拌均匀，敷在泥像上；在细泥中加入蛋清、米汁，抹在泥像上，再雕刻细节就可以啦。

你知道吗？

博大精深的敦煌壁画上，留下了很多科技史料，包括物理学、农学、医学、天文学等内容，弥足珍贵。

秤与天平

这种杆秤（十字交叉座天平）在当时是贵重的东西，很多百姓家都没有，要向寺院借用。

桔槔

这种杠杆一样的装置，是一种汲水工具，名叫桔槔（jié gāo）。它的一端绑着一块石头，石头落下时，水就被提起来了。

灸法图

灸法图的内容涉及诊法、本草、针灸等方面，更令人惊叹的是，1000多年前的古人已经开始食疗养生了。

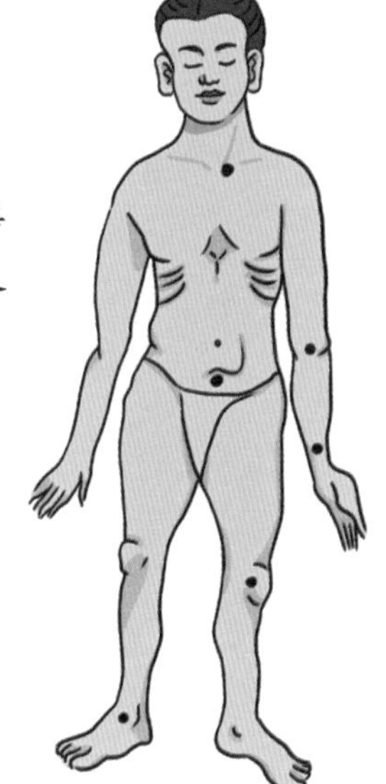

曲辕犁

唐朝人发明的曲辕犁又小又轻，好掉头、好转弯，节省了人力和畜力。

92 悬空寺

挂在悬崖峭壁上的建筑

在1600多年前，北魏的都城为平城（今山西省大同市），平城群山环绕，地势险要，北魏道武帝为了进军中原，决定把恒山附近的金龙峡作为南北交通要道。可是，此处峡谷幽深，悬崖陡峭，通行困难。于是，道武帝派出数万名士兵，劈山凿路，在悬崖半腰处建古栈道。后来，栈道成为一条贸易交流通道，逐渐扩大规模，并于其上建了寺庙，这就是悬空寺。

为什么叫悬空寺

悬空寺原名“玄空寺”，“玄”指道教的教理，“空”指佛教的教理。它是三教合一的寺庙，殿阁中齐聚道教老子、佛教释迦牟尼、儒家孔子。后因它悬挂于绝壁之上，改名为“悬空寺”。

传说，唐朝诗人李白见到悬空寺时，被深深震撼，在寺下一块岩石上写下“壮观”二字。

悬空寺有多高

悬空寺的上方是险峻的巨岩，下方是奔腾的河流，整座建筑距下方的河谷约 90 米，相当于 30 层楼高！走在悬空寺中，脚踩石头的地方才是“脚踏实地”，如果站在木地板上，就如悬空一般。

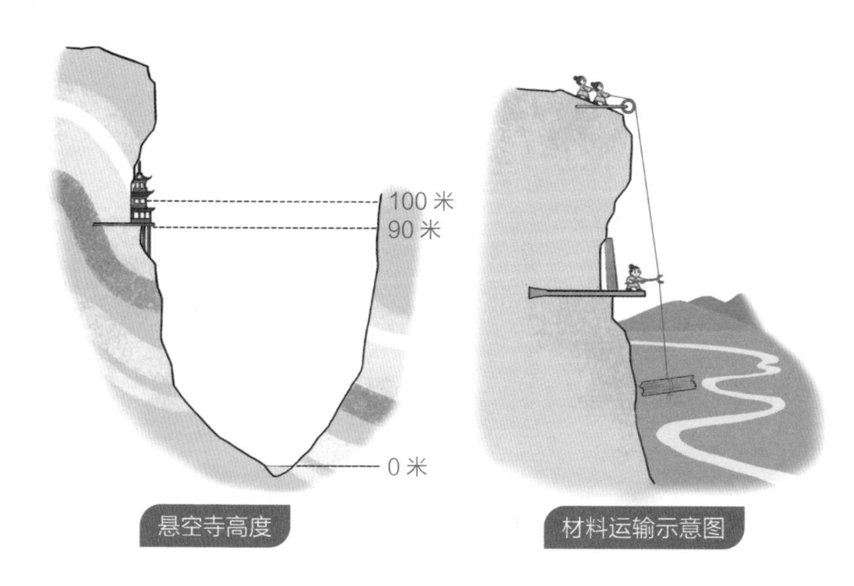

悬空寺高度

材料运输示意图

树木里的“骨干”

是什么样的木头来承担建寺的大任呢？匠人们选择的是铁杉木和油松。为什么选择这两种树木呢？因为它们木质坚硬。在浸泡过桐油后，它们还能防腐、防蛀。

“一院两楼”结构：悬空寺由寺院、南楼和北楼组成，走廊和栈道将建筑连接起来。

悬空寺建筑群

你知道吗？

寺庙总长度约为 32 米，并不是很大，却有大小房屋 40 间。

“懒”柱子

悬空寺下方有很多根长长的立柱，撑在岩石上，看起来好像在支撑寺庙，其实它们很“懒”，并没有承担寺庙的重量。在立柱上面，插入岩石中的横梁才是真正的承重“英雄”！不过，人多的时候，立柱就能大显身手了，它们“能屈能伸”，支撑着压在横梁上的重量。

立柱与横梁示意图

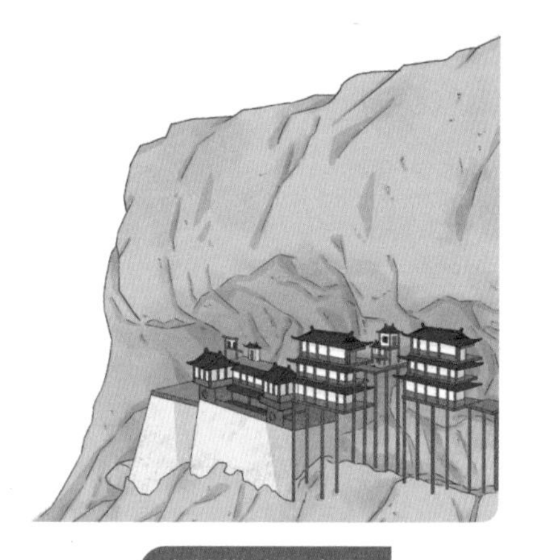

立柱搭建示意图

“英雄”横梁

悬空寺背靠险峻的山岩峭壁，为什么不会掉下去呢？因为有横梁可以依靠。寺庙的底部共埋有 27 根直径约为 50 厘米的木横梁。横梁的三分之二深深插在坚硬的岩石里——古代匠人是怎么把木头插入石头里的呢？先在岩石上凿出内宽外窄的孔，再将一根根木头打进岩石中。怎么样，是不是充满了智慧？

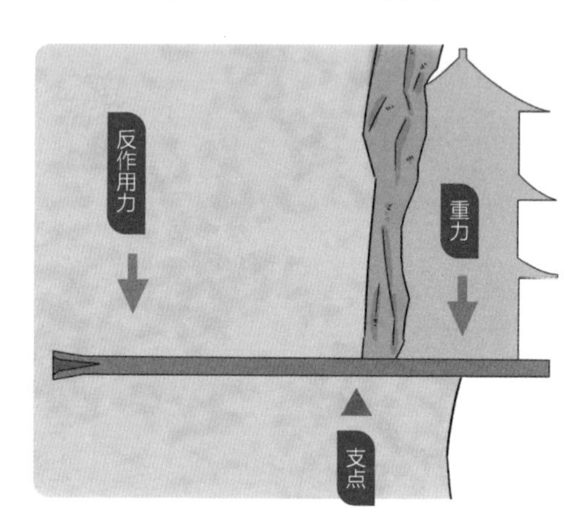

膨胀的“钉子”

固定横梁时，匠人们没有用钉子，而是用了木楔子。他们将横梁的一端锯出缺口，然后插入木楔子。当木头插入石孔后，楔子就像膨胀的“钉子”一样，将木头撑开，牢牢地卡在石孔中了。

楼中有窟，窟中有楼

悬空寺还藏着洞窟“暗室”。匠人们在山体里开凿了石窟，与前面的楼阁相连，因此，悬空寺实际上是“半壁楼殿半壁窟”，楼阁因此更加稳固，容纳空间也更大。

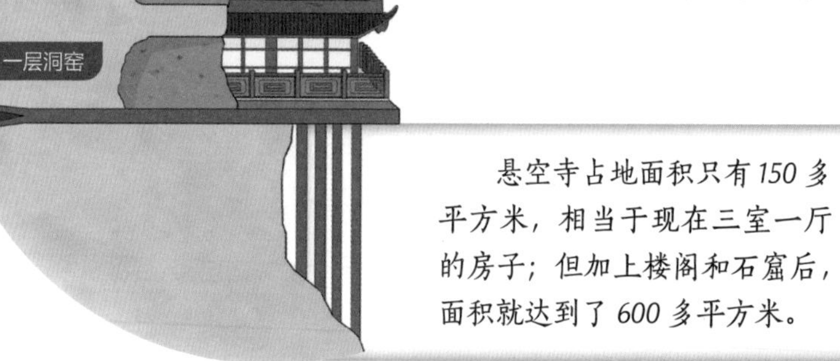

悬空寺占地面积只有 150 多平方米，相当于现在三室一厅的房子；但加上楼阁和石窟后，面积就达到了 600 多平方米。

屹立千年的秘密

悬空寺“高龄”1500多岁，古书上记载，恒山山脉一带发生过多次地震，可它却没有倒塌，完好无损。它是怎样化险为夷、屹立千年的呢？在漫长的时光中，它也没有遭到风化侵蚀，这里面有着怎样的秘密呢？

巧夺天工的横梁

楼阁最下层有横梁，另外还有两层横木插入岩石中，建筑的梁架和山融为一体，只要山不倒，梁架就不会垮，寺就不会塌。

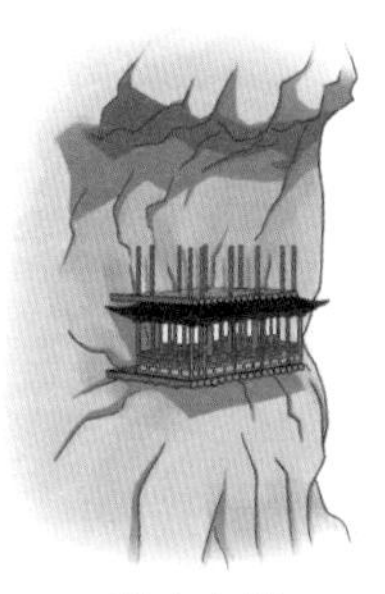

插入横木

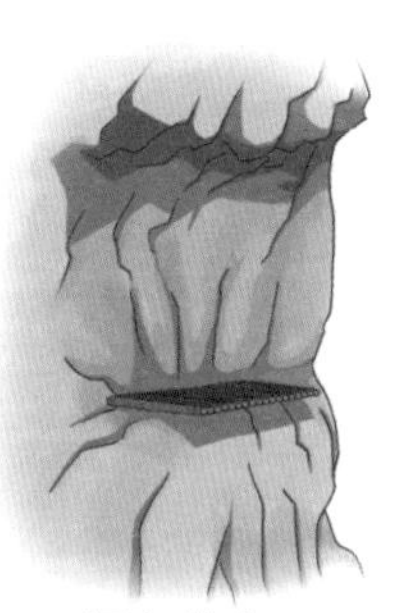

搭建立柱

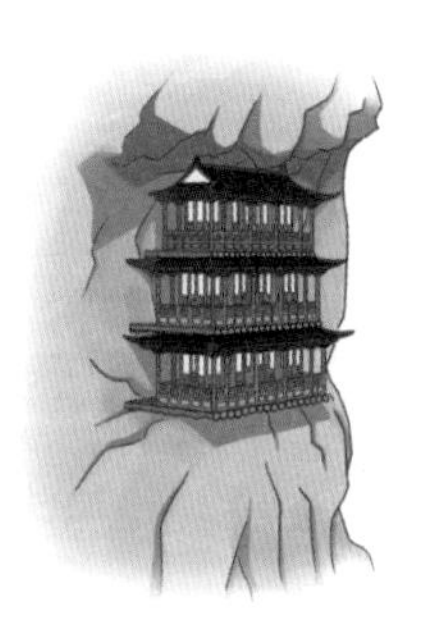

建筑与山融为一体

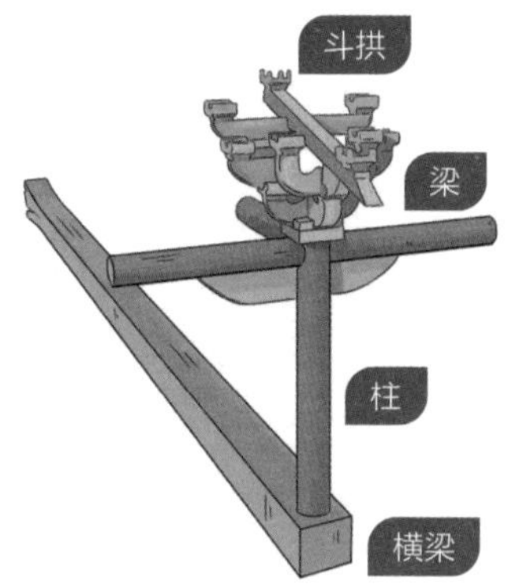

用斗拱连接梁、柱、横梁

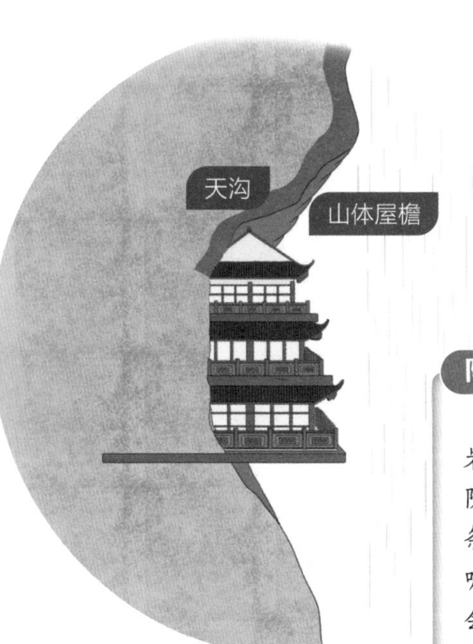

防风

匠人们选的建寺位置得天独厚，是一个凹形的崖壁，可以躲开大风的吹袭。

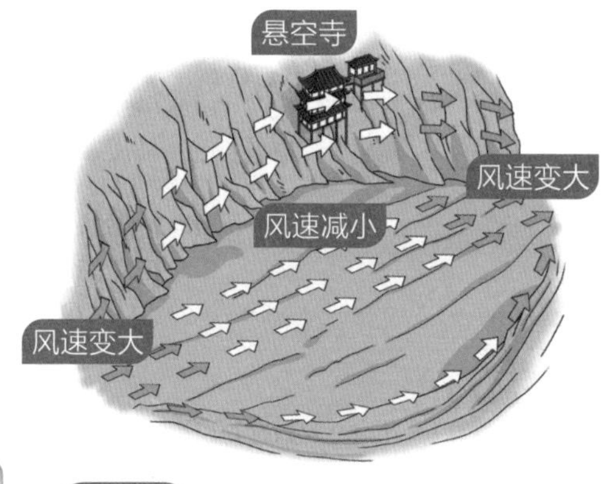

防雨

在悬空寺上方，凸出的岩石就是天然的屋檐，可以防雨水。匠人们还修建了两条“天沟”。天沟有什么用呢？如果山上发生洪流，就会沿着天沟向两侧排水，好像给悬空寺打了一把“伞”。

防晒

木头如果经过长时间的暴晒，就会干裂变形，但悬空寺就可以避免这个问题。悬空寺周围都是巍峨的高山，午后太阳会被高山挡住，每天阳光照射在楼阁上的时间还不到4个小时，能够保护木头不被长时间暴晒。

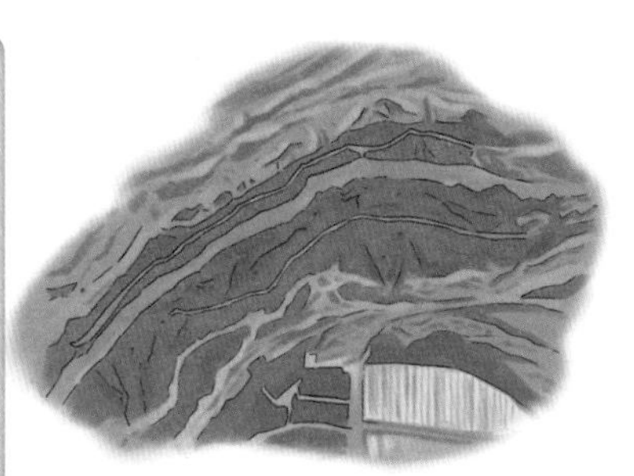

93 应县木塔

最迷人的木构建筑

传说辽兴宗（公元1016年—1055年）时，萧皇后想造一座塔，便让一位僧人募捐建造，塔建成后，由于很高，还能侦察北宋军情。还有人传说，是宋真宗为侦察辽国的军情而修建的高塔。更有人传说，是鲁班一夜间修成12层高塔，但土地爷背不动，陷入地下，鲁班用手一推，把塔的上半部推走，剩下的5层钻出地面，就是应县木塔。木塔建成于公元1056年，融建筑、宗教、艺术于一身，被赞为“最迷人的木构建筑之一”。

高高的木塔

“应县木塔”是一个俗名，它的大名是“佛宫寺释迦塔”。它没有用一根钉子，却建到了 67.31 米，相当于一座 20 层的高楼，为古代世界第一高木塔。应县木塔采用了很多独特的技术，体现了古代中国高超的建筑水平。

20 层楼的高度

应县木塔与现代建筑对比

挪威木建筑

欧洲直到现在才用现代技术建造了高层木建筑，超过了应县木塔的高度。

世界三大奇塔

应县木塔与意大利的比萨斜塔、法国的埃菲尔铁塔并称“世界三大奇塔”。

高 67.31 米

中国应县木塔　意大利比萨斜塔　法国埃菲尔铁塔

木头从哪里来

应县木塔用了大量木头，其中有很多落叶松，可应县周围并没有大森林。经过考证发现，千年以前，应县不远处的黄花梁一带是一片原始森林。

你知道吗？

木建筑最怕虫子，但应县木塔却不怕！人们看到麻燕总是围绕木塔飞翔，便认为是麻燕吃光了木材中的虫子，把它视为木塔守护神。其实，真正的原因是：木塔使用的木头是油松，不易生虫，加上山西气候干燥，所以千年以来少有虫蛀。

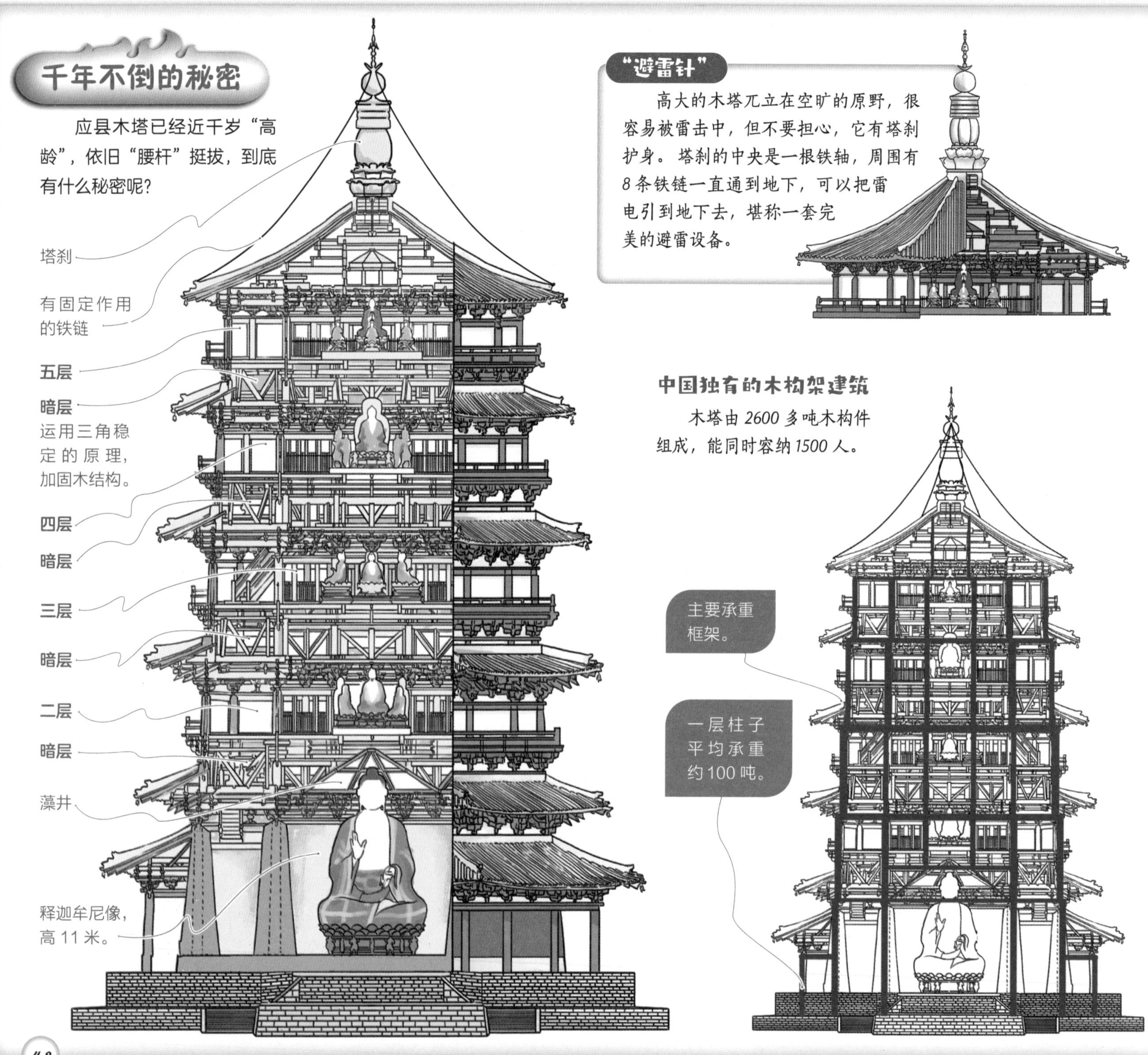
千年不倒的秘密
应县木塔已经近千岁“高龄”，依旧“腰杆”挺拔，到底有什么秘密呢？
塔刹
有固定作用的铁链
五层
暗层
运用三角稳定的原理，加固木结构。
四层
暗层
三层
暗层
二层
暗层
藻井
释迦牟尼像，高11米。
“避雷针”
高大的木塔兀立在空旷的原野，很容易被雷击中，但不要担心，它有塔刹护身。塔刹的中央是一根铁轴，周围有8条铁链一直通到地下，可以把雷电引到地下去，堪称一套完美的避雷设备。
中国独有的木构架建筑
木塔由2600多吨木构件组成，能同时容纳1500人。
主要承重框架。
一层柱子平均承重约100吨。

斗拱

木塔的屋檐非常漂亮，可是，它们用什么支撑呢？答案是：斗拱。斗拱能将压力转移到下面的柱子上，还可松可紧，像弹簧一样，能进行一定的位移，因此，应县木塔在遭遇了 40 多次地震、200 多次枪击炮轰后，仍屹立如初。

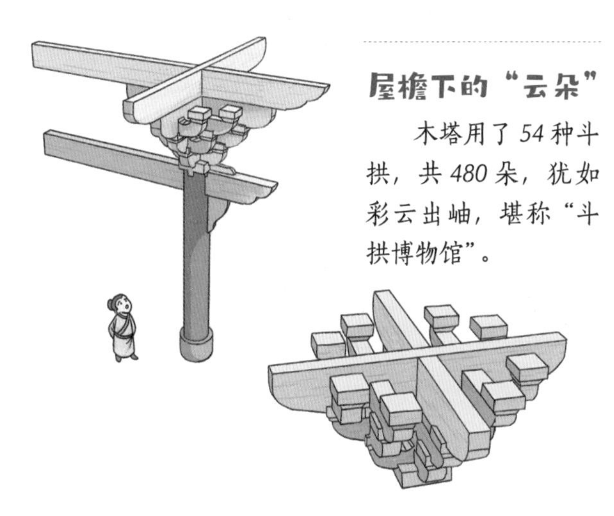

屋檐下的“云朵”

木塔用了 54 种斗拱，共 480 朵，犹如彩云出岫，堪称“斗拱博物馆”。

木柱之间用枋和梁连接，形成一个整体，不易变形，异常牢固。

暗层

你第一眼看应县木塔时，会觉得它只有 5 层，其实它有 9 层。每两层之间都藏着一个暗层。4 个暗层用了榫卯结构，就像 4 条腰带系在木塔身上，让它不会松动变形。

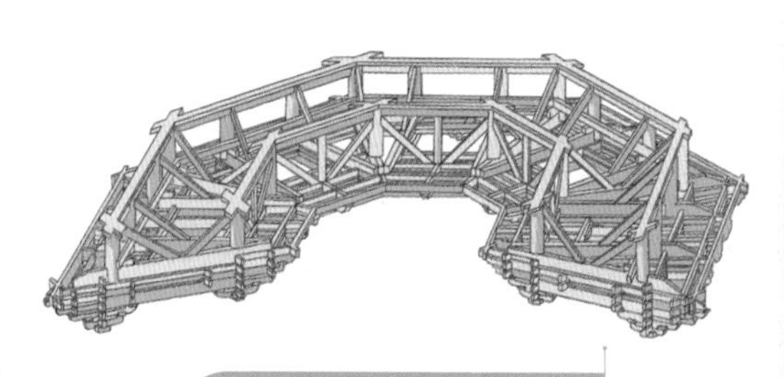

用榫卯结构连起来的暗层，如艺术作品一般。

暗层的结构极有张力，使木塔能够承受地震、炮轰。

柱网

木塔的木柱分三层，形成了密实的八角形柱网。整个木塔一共用了 312 根木柱。

土墙

柱网外，又砌上 2 米厚的土墙，使之更加稳固。

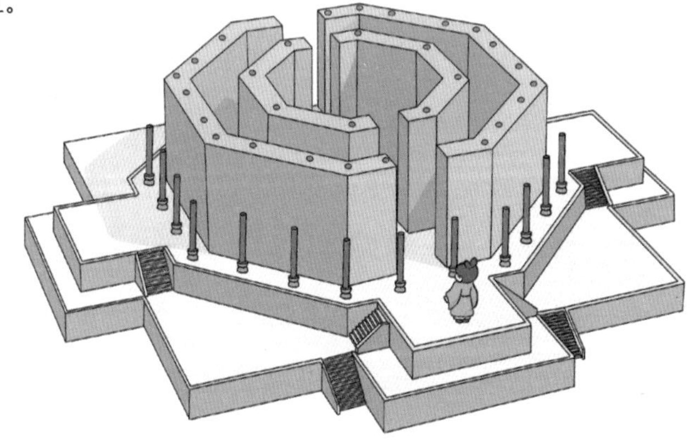

几何形基座

下层地基为四方形。

上层地基为八边形。

地基伸出的月台，叠加起来，是一个结实的十字结构。

塔基

塔是木塔，塔基却用石头砌成，光是地下部分就有 2 米，总厚度超过 6 米，相当于三四个人叠罗汉那么高！

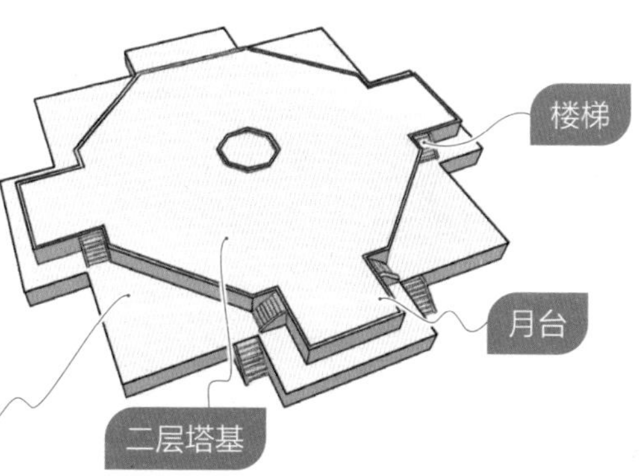

94 赵州桥

天下第一桥

隋朝造桥匠师李春（生卒年不详）是世界桥梁史上第一位桥梁专家，为桥梁技术的发展做出了巨大贡献。李春所生活的时代，南北交流频繁，河北南部的赵州是一个交通枢纽，但每到雨季，那里的洨（xiáo）河就会泛滥，阻断交通。为了解决这个难题，官府请李春修一座桥。李春于隋开皇十五年至大业初（公元 595 年—605 年）根据当地地势设计修建了一座敞肩石拱桥，这就是赵州桥。赵州桥漂亮而实用，宋朝时，一位皇帝专门赐名“安济桥”，意思是可以安全地渡过水流的桥。

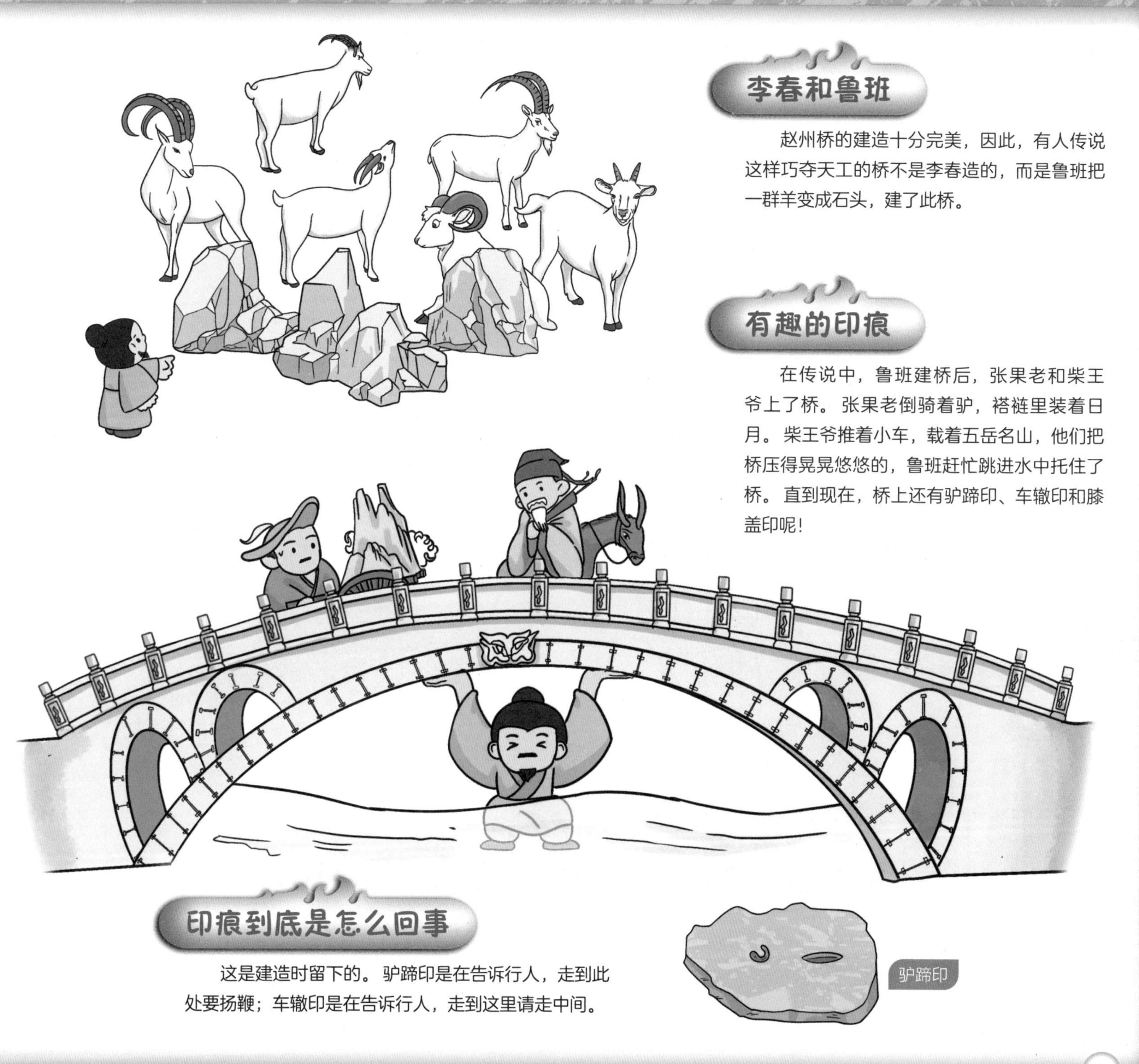

李春和鲁班

赵州桥的建造十分完美，因此，有人传说这样巧夺天工的桥不是李春造的，而是鲁班把一群羊变成石头，建了此桥。

有趣的印痕

在传说中，鲁班建桥后，张果老和柴王爷上了桥。张果老倒骑着驴，褡裢里装着日月。柴王爷推着小车，载着五岳名山，他们把桥压得晃晃悠悠的，鲁班赶忙跳进水中托住了桥。直到现在，桥上还有驴蹄印、车辙印和膝盖印呢！

印痕到底是怎么回事

这是建造时留下的。驴蹄印是在告诉行人，走到此处要扬鞭；车辙印是在告诉行人，走到这里请走中间。

8 次大地震屹立不倒

1400 多年来，赵州桥经历了无数次大洪水、8 次大地震，以及无数次人来人往、车辆重压，依旧岿然不动，这都得益于李春出神入化的建造技术。

河床

赵州桥建在洨河下游，这段河床含有细石、粗石、细沙、黏土，结实耐压，不易下沉。1400多年来，只下沉了5厘米。

单孔

隋朝时大多数桥是多孔桥，李春认为多孔桥的桥洞多、桥墩多，不容易泄洪。于是，他设计了“一款”没有桥墩的单孔拱桥。

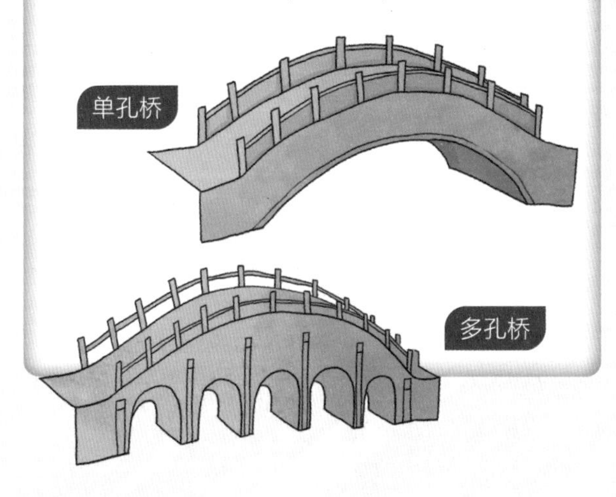

圆弧拱

为使圆弧拱坡度不陡，李春降低了桥的高度，这样既省料又稳固，即使跨度37米也纹丝不动，人马行走也方便了。

大拱

用坚硬的青灰砂石建成，由28道石头拱券组成。每一道拱券厚1米多，独立而连接紧密。

拱券

拱券是圆弧形的建筑结构，李春先建了一个拱券形的独木桥，然后依次建造下去，一共建了28个，把28个拱券紧紧连在一起，成为一个整体，就是赵州桥的桥面。

用5个铁拉杆穿过28道拱券，让拱券连成一个整体。

用“腰铁”穿过拱券的石头，让石块之间严丝合缝。

小拱

大拱上面，左右两侧各有两个小孔洞，发洪水时，可分担泄洪的任务，减少洪水冲击桥身；用料也少，减轻了对桥基的压力。

你知道吗？

大拱加小拱，被称为“敞肩拱”。这在世界上是第一次出现，欧洲直到1200年后才出现。

95 万安桥

跨江接海的大石桥

宋朝时，福建有一个渡口，名叫万安渡，这里的水面“阔五里”，深不可测，浪涛滚滚，一遇狂风，过往的船只就会被掀翻，溺死的人不计其数。官员蔡襄决定为百姓解决这个难题。传说，当他随宋仁宗赵祯（公元 1010 年—1063 年）在御花园游玩时，让人在芭蕉叶上用蜂蜜写了几个字，一会儿，蚂蚁来采食蜂蜜，显现出字迹，宋仁宗顺口读了出来——“蔡襄蔡襄，本籍做官”。蔡襄一听，忙疾步上前，跪叩谢恩。宋仁宗大笑，于是任命他到泉州当官。就这样，蔡襄如愿来到福建，开始修建万安桥。

水中“卧龙”

在水流汹涌的江海交汇处建桥并不容易，蔡襄想到一个办法：在水位低落时，沿着桥梁中线抛下大量石头，筑成宽几十米的水下长龙。这条垒石堤坝被称为“矮石堤”。

牡蛎来帮忙

矮石堤的石头是直接抛下去的，排布散乱，空隙不均，无法保证桥基的稳固。因此，工匠们想到了一个绝妙的办法：在桥基上种牡蛎，牡蛎不断繁殖，填满了缝隙，它们分泌的黏性物质紧紧吸附在石头上，和桥基形成了坚固的整体，如此就固定了桥基。这种“种蛎固基法”是世界上第一个把生物学用于桥梁工程的例子。

又一个首创

万安桥位于江海汇合处，有 46 座桥墩，用长条石交错砌成，桥墩就像迎水行驶的小船，朝向大海的一面是尖尖的，能减少浪涛对桥墩的冲击。矮石堤和桥墩构成了“筏形基础”，属于桥梁史上的首创。

你知道吗？

千年前的工匠们用了大约 6 年时间建造了世界上第一座跨海梁式大石桥——万安桥。早在唐朝初年，社会动荡，许多中原人逃难到泉州一带，他们见泉州的山川地势很像古都洛阳，就把此地取名为洛阳，万安桥也被改称为“洛阳桥”。

浮运架桥法

万安桥用了很多石料，石头又大又沉，很难搬运。但这难不倒聪明的能工巧匠，他们利用潮汐的涨落——在涨潮时，用木排或木船装上石梁，运入两个桥墩之间；等退潮后，石梁就架在桥面上了。这一做法不仅奇巧，还省力气。

96 大运河

世界上最长的人工河

春秋时期，诸侯们为了争当霸主，战争不断。吴王夫差（？—公元前 473 年）野心勃勃，他攻破了楚国的都城后，趁着士气大振，便想进军中原。可是，从南方到中原路途遥远，陆路坎坷难行，水路又不通，阻挡了士兵前进。于是，夫差下令开凿水路。从扬州到淮安，吴国人凿出了长达 400 千米的水路，名叫邗（hán）沟。邗沟把长江水向北引流，沟通了长江和淮河。这就是最早人工开凿的大运河。

大运河开凿场面

修了 2500 多年的河

也许你看了地图后会觉得，从扬州到淮安的运河只是“很短”的一小段，谈不上“伟大”。其实，这条河自从问世后，从来没有停止过修建。

北京

天津

沧州

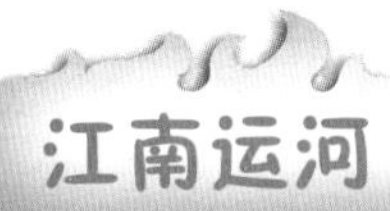

江南运河

三国时，江东的孙吴开凿了江南运河。

聊城

洛阳

淮安

扬州

杭州

嚎天鬼

水运成本低、航程远、运量大，所以漕运日夜不息。大运河两岸的纤夫拉着漕船逆水而上，号子此起彼伏，被称为“十万八千嚎天鬼”。

蜿蜒千里

大运河全长 2000 多千米，连通海河、黄河、淮河、长江和钱塘江五大水系。

中国“威尼斯”

聊城境内多河流湖泊，有“中国北方的威尼斯”之称。

换乘站

扬州位于大运河和长江交汇处，有如地铁的换乘站，人和货物会在这里“换乘”。

隋唐大运河

隋朝时，隋炀帝大刀阔斧，打通了从洛阳到杭州的河道，南方的粮食、特产等可以快速运到都城洛阳，他也能随心所欲地去南方游玩了。

京杭大运河

元朝时，为了把粮食、盐等运到北京（元大都），元朝人扩建了从北京到杭州的大运河，并改变了路线，使之不再经过洛阳。

丝绸

杭州的丝绸通过大运河输送到各地。

千里繁华

大运河让沿途的城镇繁华起来，各行各业迅猛发展，造船的、搬运的、做生意的、行医的、算卦的、说书唱戏的、开茶馆饭铺的……热闹非凡。

河道为什么歪歪扭扭

大运河的很多地段都七拐八拐的，为什么不修成直的呢？这正是古人的智慧之处。这些地方水的落差大，如果修成直线，水流湍急，难以行船；而修出拐弯后，水流就平缓多了。

车船坝

大运河一路奔流，路上会和很多河流交汇，有的河流水位低，如果运河水流入河里，运河水少，就无法行船了。于是，古人用堰挡住运河的水，用人或牛从坝上把船拉上、拉下，这叫“翻坝”，这个坝就叫“车船坝”。

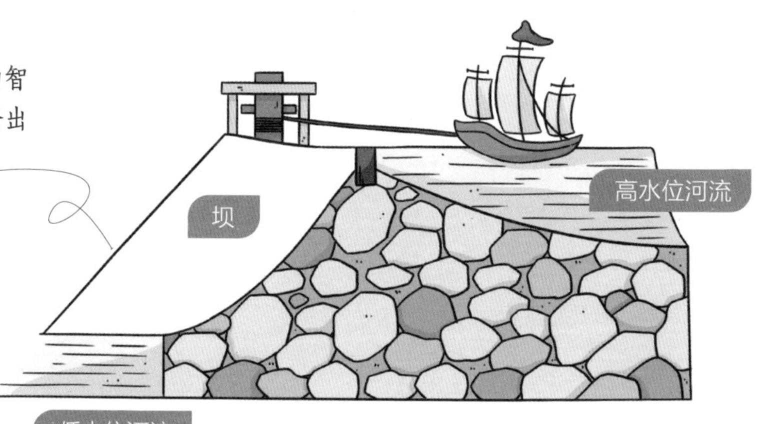

神奇的船闸

车船坝累人也累牲畜，于是，古人又发明了复式船闸。在有水位差的地方修两个闸。船要赶路时，先关闭后面的闸，打开前面的闸，让船前进；之后，关上前面的闸，打开后面的闸，等水流入，船又可以前行了。这是现代船闸的雏形。

大运河上的“税务局”

漕运就是运输粮食。古代在大运河河段设有多个漕运钞关管理运输，并收取客商的税。

你知道吗？

明朝建造紫禁城时，把四川、贵州、云南、湖南等地产的金丝楠木放进河中，顺水漂到杭州，再沿着京杭大运河漂到北京。

97 布达拉宫

世界屋脊上的宫殿

唐朝的时候，在巍峨的青藏高原上，吐蕃王朝有一任赞普（相当于国王）叫松赞干布（公元617年—650年），他把都城定在了拉萨。为巩固势力，松赞干布请求和唐朝联姻，迎娶文成公主。为此，他专门在拉萨城中心海拔3700多米的红山上，为文成公主建造了一座规模宏大的宫殿——红山宫。这就是布达拉宫的前身。1645年，五世达赖重建布达拉宫，1693年基本完工，此后又多次扩建，形成了今日规模。

布达拉的意思

“布达拉”的意思是普陀，是观世音菩萨居住的地方。也就是说，它不仅是宫殿，还承担了寺院的功能。

依山而建

布达拉宫建在高海拔的山上，但在建造布达拉宫时，人们并没有把山铲平，而是依着山势而建。

白玛草

有一种柽（chēng）柳枝叫白玛草。藏族同胞把它们晒干，去掉梢头，剥掉树皮，用牛皮绳扎成小捆，然后一捆捆堆起来，一层层夯实，再用木钉固定，染上红色，红墙就问世了。

白玛草墙

用白玛草建墙能使布达拉宫“减压”，还能防震，古代只有贵族或寺庙才可以使用。

地下 8 层

布达拉宫的墙基下有很多地道、通风口，四通八达。据说，地下足足有 8 层深。

石木结构

布达拉宫是石木结构，墙是石头，宫中则有柱、斗拱、雀替、梁等木构架。

打阿嘎

布达拉宫的地面，是用阿嘎土加碎石和水击打而成的。阿嘎土容易被雨水冲刷，所以，每年都要打阿嘎，一边唱歌一边夯土。

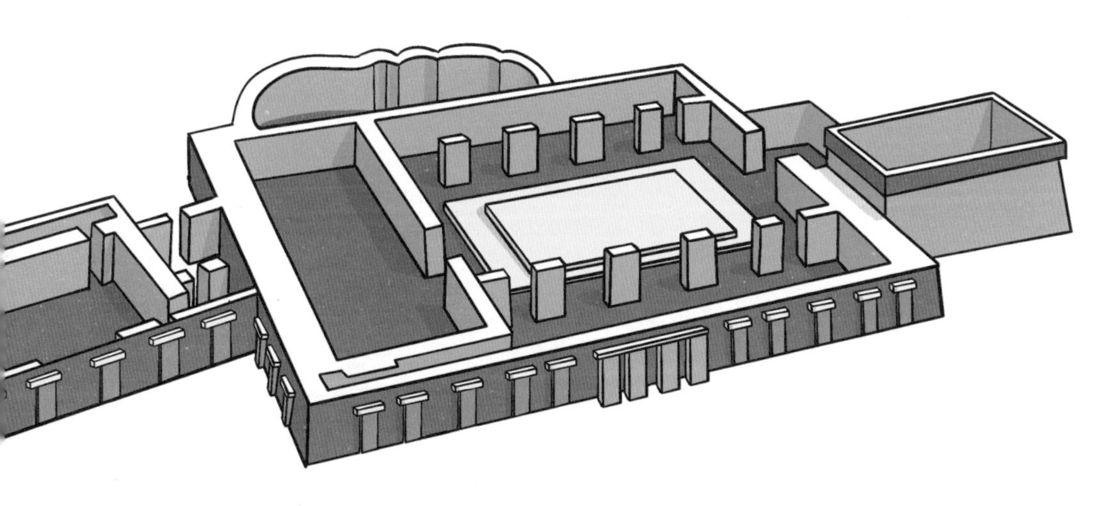

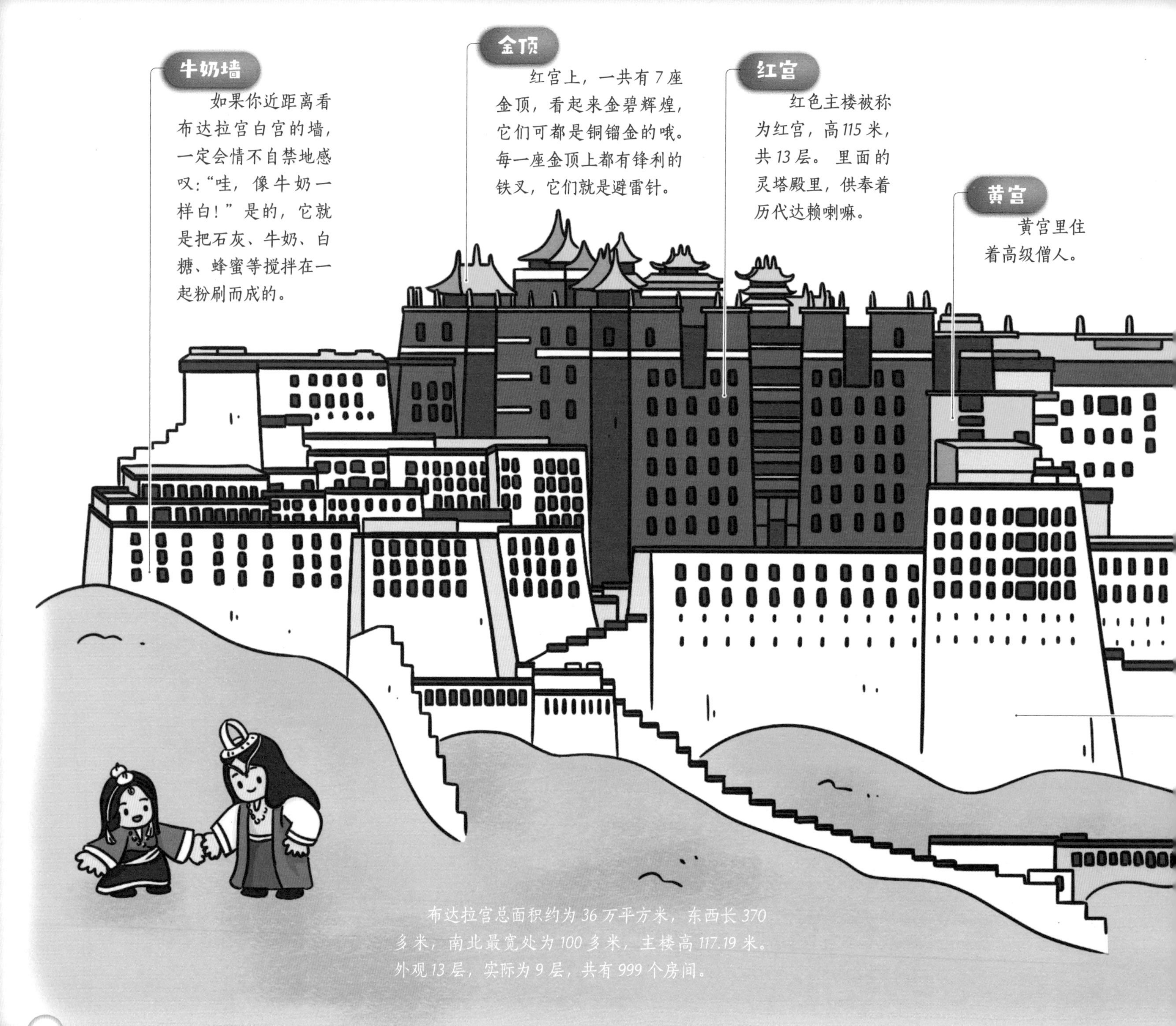
牛奶墙
如果你近距离看布达拉宫白宫的墙，一定会情不自禁地感叹："哇，像牛奶一样白！"是的，它就是把石灰、牛奶、白糖、蜂蜜等搅拌在一起粉刷而成的。
金顶
红宫上，一共有7座金顶，看起来金碧辉煌，它们可都是铜镏金的哦。每一座金顶上都有锋利的铁叉，它们就是避雷针。
红宫
红色主楼被称为红宫，高115米，共13层。里面的灵塔殿里，供奉着历代达赖喇嘛。
黄宫
黄宫里住着高级僧人。
布达拉宫总面积约为36万平方米，东西长370多米，南北最宽处为100多米，主楼高117.19米。外观13层，实际为9层，共有999个房间。

你知道吗？

雪顿的意思是“酸奶宴”，就是吃酸奶子的节日。过节时，会有各种演出，并在晒佛台上晒佛像画像，所以又叫“晒佛节”。

唐卡

唐卡在藏语中是“宗教卷轴画”的意思，一般是在纸上或布上画的，也有刺绣、贴花的，还有把宝石点缀在唐卡上的。布达拉宫中有近万幅唐卡。

布达拉宫是著名的宫堡式建筑群。宫殿依山而建，群楼与山体相融合，壮观雄伟，是藏式建筑的杰出代表，也是中华民族古建筑的精华之作。1994年，布达拉宫被列为世界文化遗产。

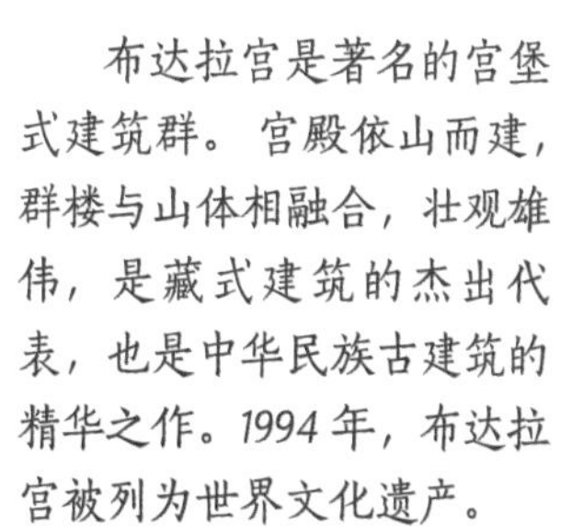

98 乐山大佛

世界上最大的石佛

乐山大佛为什么颜色鲜艳呢？因为山崖为红砂岩，富含氧化物，使岩石呈现出红色、深红色或褐色。

唐朝时，四川乐山是三江汇流之处，水势汹涌，尤其到了夏天，洪水泛滥，江水直冲崖壁，船毁人亡的悲剧频繁发生。凌云山海通法师决心在山崖上开凿一尊弥勒佛，借助佛法力量保护行人。他跋涉各处，募集到银两后，于公元713年开始修凿工作。大佛开凿到肩部时，海通法师去世。多年后，章仇兼琼出任剑南节度使，自出费用，并请朝廷支持，得以继续开工。大佛建到膝盖处时，再度停工。40多年后，剑南西川节度使、诗人韦皋捐赠俸禄继续修建。历经三代工匠的努力，花费90年的时间，乐山大佛于公元803年问世，被誉为“天下第一佛”。

田螺一样的发卷

乐山大佛依山凿成，临江危坐，高 71 米，头高 14.7 米，头宽 10 米，耳朵长 7 米，鼻子长 5.6 米，眉毛长 5.6 米，眼睛和嘴巴长 3.3 米，脖子高 3 米，肩宽 24 米，手指长 8.3 米，从膝盖到脚背 28 米，脚背宽 8.5 米，脚面上可以坐 100 人以上。大佛的“发型”由 1051 个小发卷组成，小发卷的样子就像一个个黑色的田螺。看上去，发卷和头部浑然一体，其实它是由一块块石头雕刻成形后，再拼装、镶嵌在头顶上。

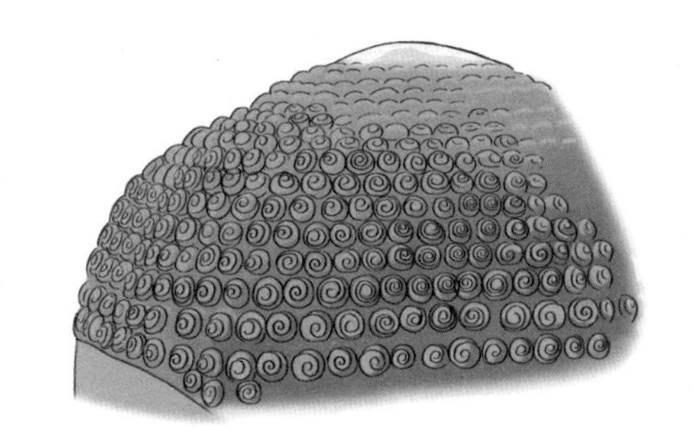

“隐形”的排水系统

唐朝匠人为乐山大佛设计了先进的“隐形”排水系统，“藏”于大佛的耳后、头后、腰身，甚至脸和衣服的褶皱上都有排水沟和排水口。这套自动排水系统，能导流雨水，使大佛不被侵蚀。

从“头”开始

乐山大佛的施工是从佛头开始的，从上到下进行。匠人要用绳索将自己悬吊在半空中，拿着工具一凿一斧地雕琢，史书上称“万夫竞力，千锤齐奋”，场面浩大壮观。

利用杠杆原理撬石头

开凿山崖时，先要除去多余的石块，才能精雕细琢。工匠先在要去除的部位画上线条，然后用大锤沿着线条打入又长又粗的铁钎（qiān），整个线条都打上铁钎后，大家再一起用力把露出头的铁钎朝一个方向击打。在杠杆原理的作用下，大石块会沿着线条裂开，顺着山崖滚入江中。

你知道吗？

乐山大佛至今仍是世界最大的石佛。有机会跟你的爸爸妈妈一起去四川省乐山市看看它吧！

99 苏州园林

奇巧的叠山理水

很多年前，在茂密的原始丛林中，一群原始人正在忙碌着把一些动物圈养在部落附近，慢慢地，又在旁边移植了一些好看的植物。就这样，园林开始萌芽了。到了商朝时，古人修建了圃，种植果树和蔬菜，还修建了苑囿（yòu），以驯养动物，这算得上园林的前身了。等到春秋时期（公元前770年—公元前475年），苏州出现了真正的园林。

叠山

在园林中，你看到的山都是假的，是“叠”出来的。古人会事先选好石头，然后模仿大自然中的山，用石头堆砌出来，就像搭积木一样。

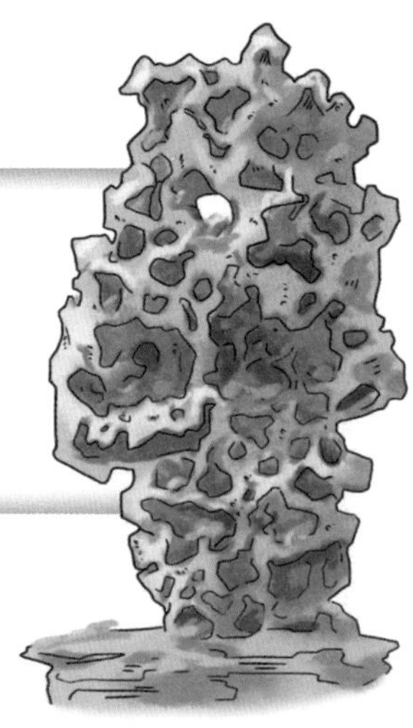

最美不过太湖石

你知道苏州园林中用得最多的石头是哪种吗？答案是太湖石。太湖石在水的侵蚀下，姿态万千，玲珑剔透。

怎么制造云雾

古人会把炉甘石混在假山的土石之间，下雨后，太阳光照射下来，就会蒸腾出水蒸气，犹如烟云出岫（xiù）、雾霭（ǎi）蒸腾。

让山“活”起来

古人有很多办法使叠出来的山充满生机。比如，把马粪拌在泥浆里，涂在石头上；或把米汤泼洒在石头上，这样就会长出油绿可爱的苔藓。

理水

“问渠那得清如许，为有源头活水来。”如果说假山是园林的骨骼，那么水就是园林的血脉了。“理水”就是把水科学合理地引入园林，形成瀑布、渊潭、湖泊、池塘、溪涧等。

你知道吗？

至今苏州还保留着古代园林，它是古人智慧与勤劳的结晶，也是中国南方的特色。有机会跟你的爸爸妈妈去江苏省苏州市体验一下吧！

苏州园林的地面上开凿出蜿蜒的水槽，里面引入流水，这潺潺的曲水雅意十足。

奇思妙想的建筑

在园林中，沿着回廊漫步，如果你走累了，可以坐在小亭子里欣赏各种建筑……

墙

墙一定要平、要直吗？苏州园林不仅有能反射阳光的粉墙，还有曲折的波浪墙呢。墙看似很平常，其实非常重要。它不仅是园林的点缀，也有过渡、分隔、造景等作用。

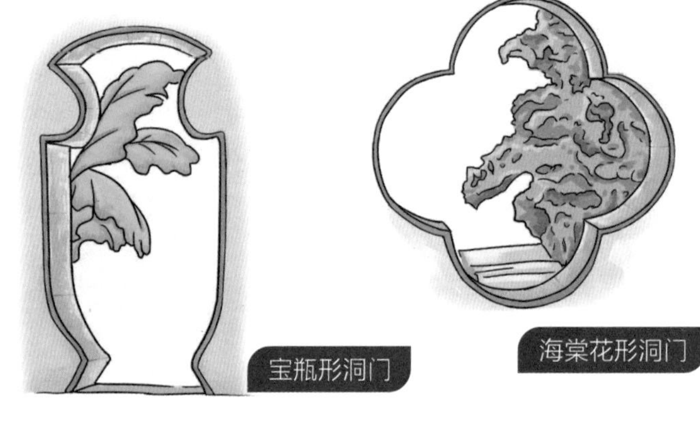

宝瓶形洞门

海棠花形洞门

檐

飞翘的檐、平直的檐、下垂的檐，掩映在粉墙竹影间，不仅“貌美”，还能排水。

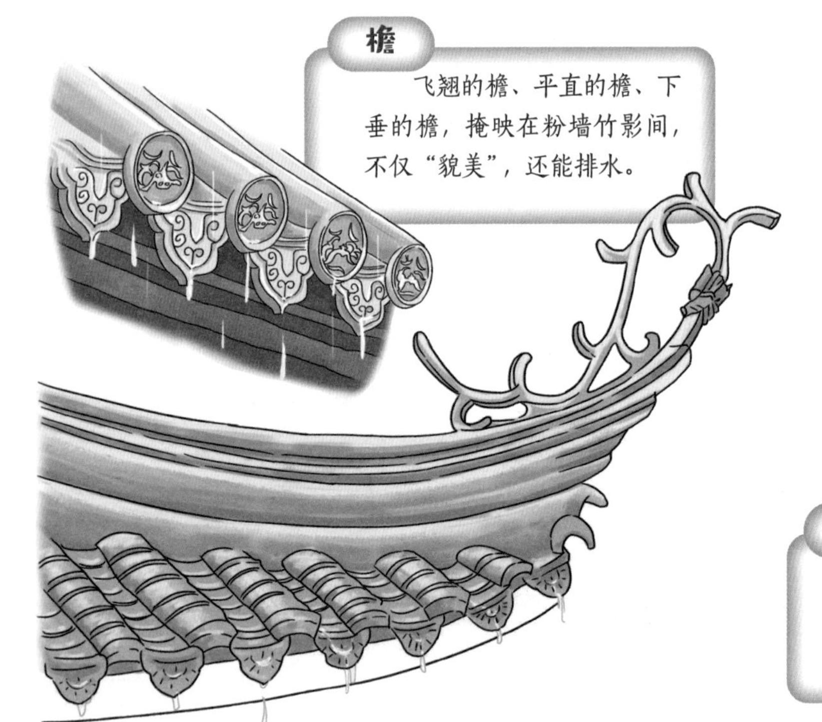

几何形花窗

石榴形漏窗

门和窗

叶形洞门、宝瓶形洞门、月亮形洞门、海棠花形洞门……是不是很美呢？石榴形漏窗、几何形花窗……是不是玲珑多姿呢？

廊

廊是一个有趣的“导游”，引导你“一步一景，景随步移”。

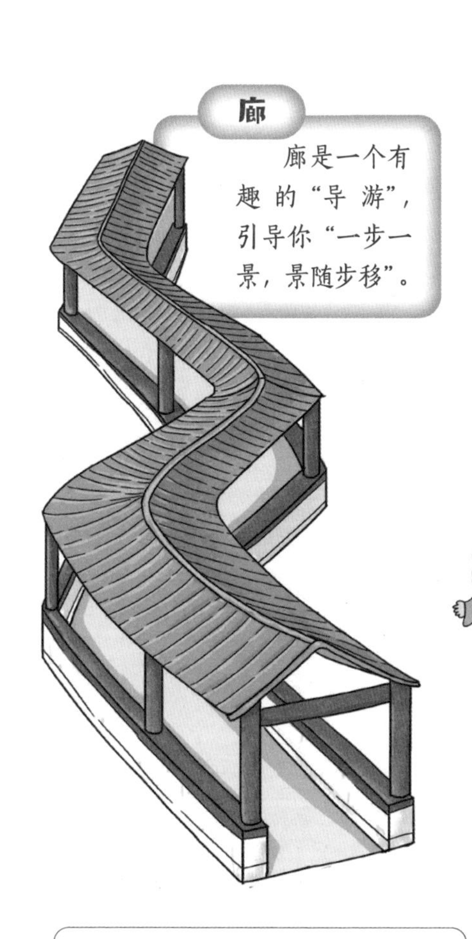

榭

建在高土台或水面或临水的建筑。榭没有四周的墙壁，开敞通透。小小一间榭，诗意天地间。

舫

这种船形建筑是不能动的，又叫“不系舟”。舫在水中，人在舫上，有荡漾水中之感。

园林建筑还包括亭子、厅堂等。亭子有三角形、方形、圆形、矩形、八角形……充满想象力和创造力。厅堂一般是园林的主体建筑，面积很大，可用于会客、议事等。从客厅内往外看，几乎处处都是别致风景，尤其是面南的主景，阳光晴好之日，光影变幻，景色奇美。

100
沧州铁狮
千年“镇海神兽”
公元953年，后周晋王柴荣（后来的周世宗）去攻打契丹时，为扫清道路，铸造了一个巨大的铁狮子，面朝大海放着，用来震慑海中的龙，被称为“镇海吼”。铁狮背上还铸有一个巨大的莲花盆，灌上油点燃后，可为海上和运河上的船导航。

文殊菩萨的坐骑

沧州铁狮背着莲花座，头上和脖子下铸有文字“师子王”（狮子王），而狮子王正是文殊菩萨的坐骑。有人因此认为，它是为寺院而建的。

“减肥”的铁狮

传说沧州铁狮原重40吨，但实际测重显示，狮头3.5吨，狮身25吨，莲盆3吨，总重31.5吨，这是怎么回事呢？原来，铁狮历经千年风雨，多处破损，导致“体重”减轻了。

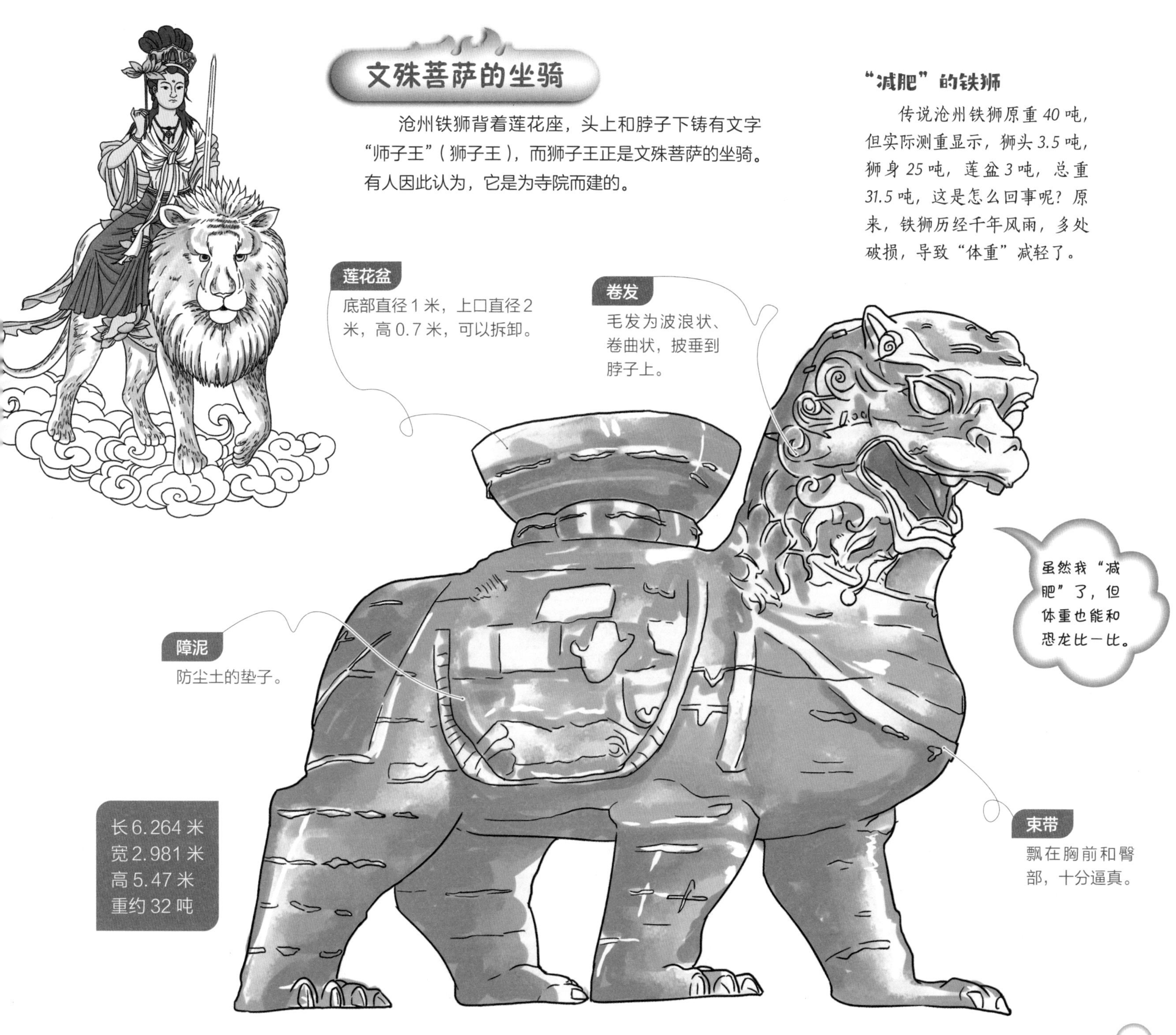

铁狮是怎么“降生”的

沧州铁狮看起来不太起眼，科技含量却非常高。古人采用了泥范法，分节叠铸，一共使用了 600 多块泥范，才使它“降生”。

外范

把湿泥拍打成片，拍在泥狮外面。泥片半干后，用刀划成一块块，然后晒干或用微火烤干。

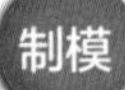

制模

先做一个泥狮子。

浇铸

把内范和外范合拢，上面留一个浇注孔；然后把滚烫的铁水从浇注孔灌进去。

你知道吗？

先秦时，狮子被称为“狻猊”（suān ní）。汉朝时，西域国家把狮子作为贡品，献给中原王朝的皇帝，这时叫“师子”，后来改称为狮子。

内范

泥模半干时，刮去一薄层，用火烤干。刮去的厚度就是所铸铜狮的厚度。

怪风吹倒铁狮

清朝嘉庆年间，沧州铁狮被大风吹倒过。据《沧县志》记载：“有怪风自东北来，风过狮仆。”后来狮子被重新立起。

冷却

待铁水冷却后，打碎外范，就看到一头和泥狮子一模一样的铁狮子啦！

101 故宫

金碧辉煌紫禁城

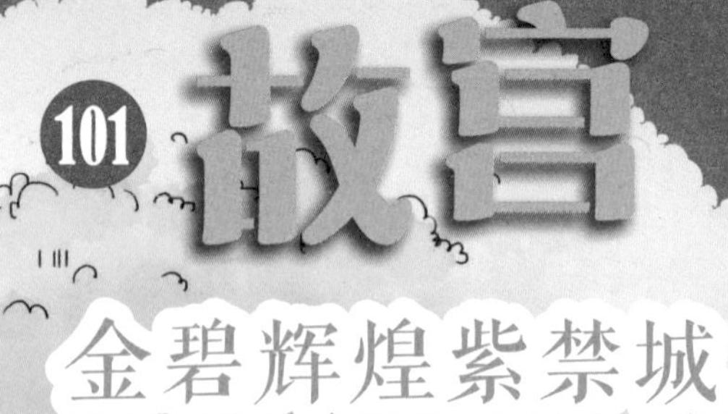

明建文帝（公元1377年—？）时，燕王朱棣驻守北京。他不满建文帝削藩，率军攻向都城南京，在那里即位称帝。他担心建文旧臣反对他，也想念他的崛起之地北京，便下令在北京兴建宫殿，即紫禁城（建于公元1406年—1420年），作为皇帝处理朝政和居住的地方，南京则成为留都。

为什么叫紫禁城

古人认为，天帝住在天上的紫微宫里，那么人间的天子，也就是皇帝，居住的地方应该与天帝的紫微宫相对应，一般人也不能随便进入，所以叫紫禁城。

紫禁城修建场面

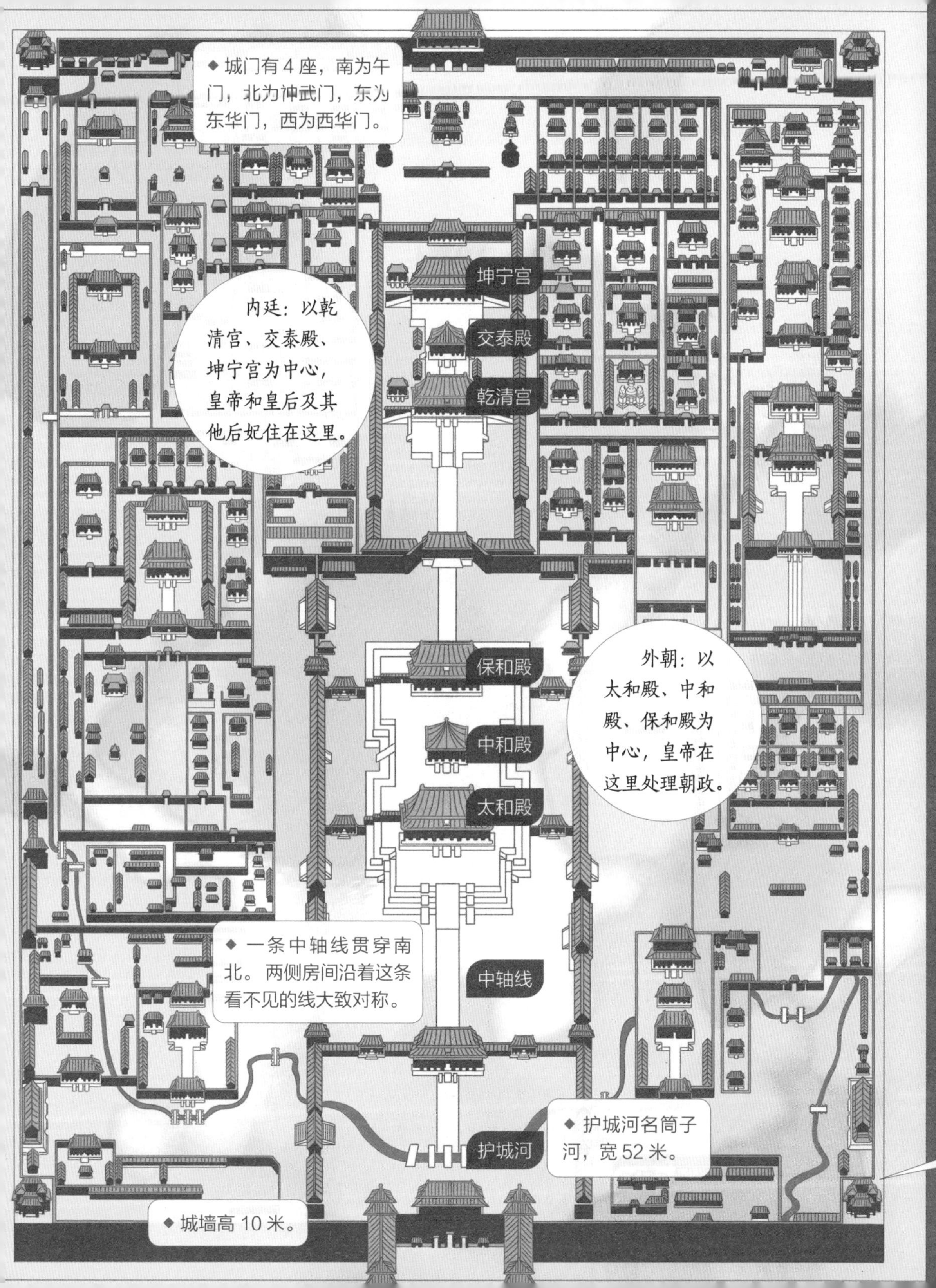

独一无二的结构

故宫花费了14年时间才建成，南北长961米，东西宽753米，占地72万平方米，建筑面积约15万平方米，位于北京中轴线的中心，看起来就像一个四方块。四方块的四角有风姿绰约的角楼，四周有围墙，还修有护城河，固若金汤。

传说故宫有9999间半房子，不过，这个“间”和今天的房间不一样。古人把4根柱子围成的空间叫“一间”，因此，故宫实际上有8000多间房子。

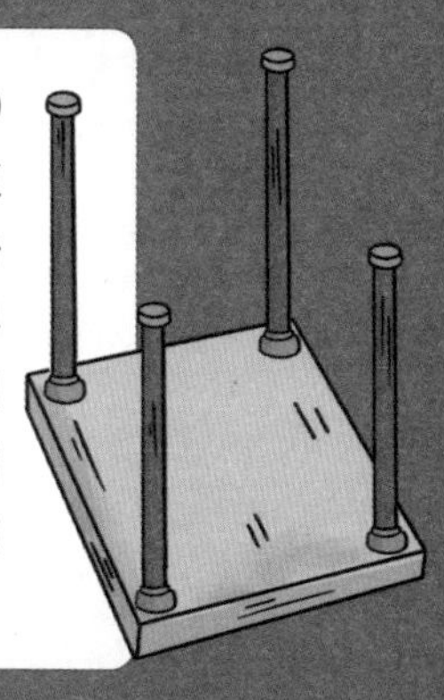

角楼像不像蛐蛐笼？据说，明成祖朱棣要求工匠在3个月内建成4座九梁十八柱、七十二条脊的角楼。工匠苦思冥想没有头绪，正巧看到一个老人卖蝈蝈笼子，不正是九梁十八柱、七十二条脊吗？于是，工匠根据这个灵感设计了角楼。

故宫的颜色

如果你去过故宫，一定会记得红墙、黄瓦，不过，故宫还有一种颜色哦，那就是宫殿基座的白色。

琉璃瓦不易风化，寿命长；它表面的釉不吸水，下雨不会增重；它导热慢，能隔热，也能隔冷。

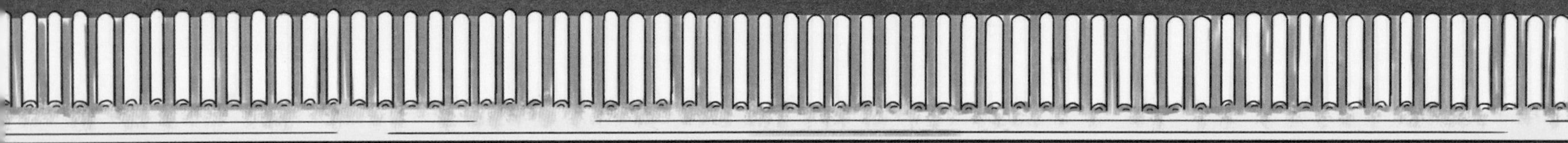

为什么故宫的屋顶上很少看到鸟粪呢？因为琉璃瓦外面的釉，在太阳下闪闪发光，让鸟害怕。就算有胆大的鸟站上去了，也会因为打滑而不停地劈叉，不会停留太久。鸟在空中落下的鸟粪，因为屋顶坡度大，会被雨水冲刷下来。

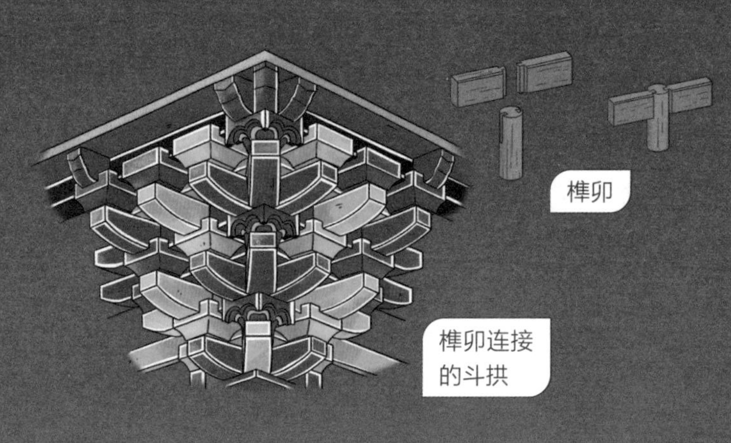

故宫的地基像“千层饼”一样，一层碎砖、一层灰土摞了1.2~3.1米厚。

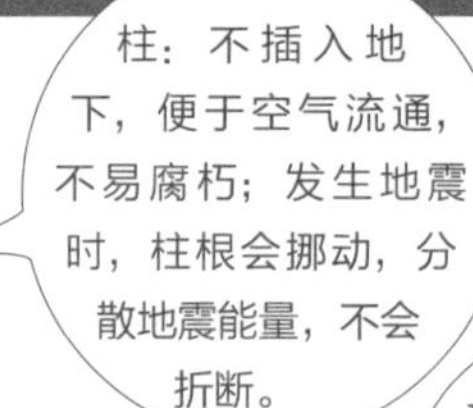

砖墩：厚1米左右，能把重量向下层分散。

灰土层：含有生石灰、糯米汁。生石灰吸水防潮，糯米汁有黏性，使地基十分牢固。

碎砖层

赶上下大雨时，你会在故宫看到千龙吐水的奇观。故宫各殿建得里高外低，雨水会流到外侧，从龙口吐出来，流到沟渠里，排到护城河中。
故宫供暖系统示意图
故宫中也有灭火器，那就是镏金大铜缸，里面装水。失火时，可以从里面取水。冬天则盖上盖子，下面烧火，防止水结冰。
今天，你在冬天能享受到暖气和空调，在600年前的紫禁城里，古人能享受到“地暖”。就是在外面烧炉子，经过地下坑道，把热量传送到房间里。
宫殿地面金砖的原料不是黄金，而是用苏州太湖沉积多年的泥土烧制而成，据说一块砖值一两黄金。
炉子
你知道吗？
故宫至今保存完好，是世界现存最大规模的皇宫，成为世界各国人们参观游览的宫殿。假期时跟你的爸爸妈妈一起去北京参观一下吧！

102 天坛

皇帝的祭天之处

古代皇帝自称“天子”——天之子，为了彰显自己是“神权天授”，他们会举行祭天仪式。传说明朝永乐年间，有一年天下大旱，各地灾荒连连，明成祖朱棣万分焦急，一天夜里梦到一位大汉告诉他，在正阳门外搭建一座祈雨台，由皇后求雨即可。于是，皇后亲自祈雨，在祈雨台上足足等待三天，终于等到了倾盆大雨。后来，永乐皇帝在皇后祈雨之处建造了祭天之坛，这就是天坛（始建于1420年，明永乐十八年，竣工于1545年）。

1 个天坛 =4 个故宫

天坛是明清两代皇帝祭天的地方，有 273 万平方米，而皇帝的“家”——北京故宫只有 72 万平方米。天坛作为世界上最大的祭天建筑群，差不多有 4 个故宫大。

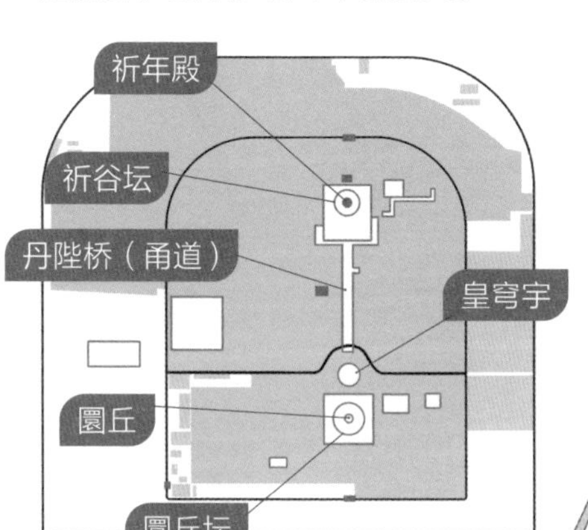

祈年殿的柱子

祈年殿是天坛最重要的建筑之一，为 3 层圆形建筑，主要依靠柱子承重。为了防止木柱东倒西歪，柱子之间用枋连接。这里的枋与众不同，需要人为弯曲，只有高超的技术才能实现。每层的柱枋之上，用斗拱衔接。

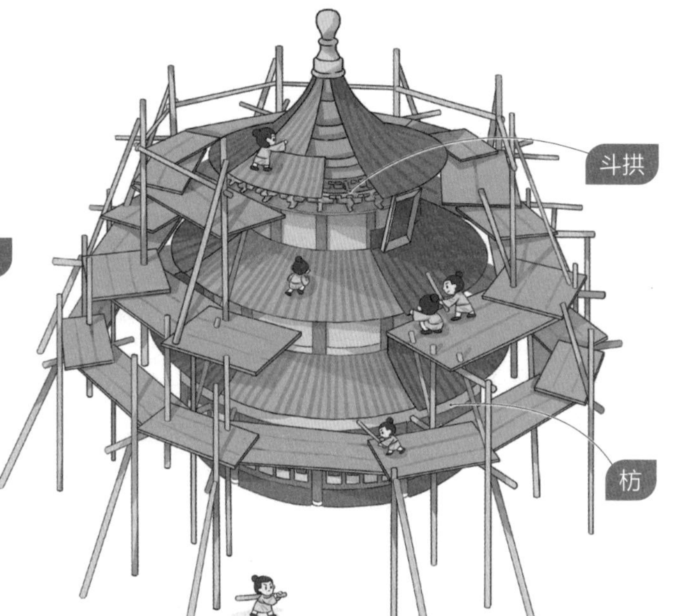

祈年殿建造示意图

斗拱等级差别

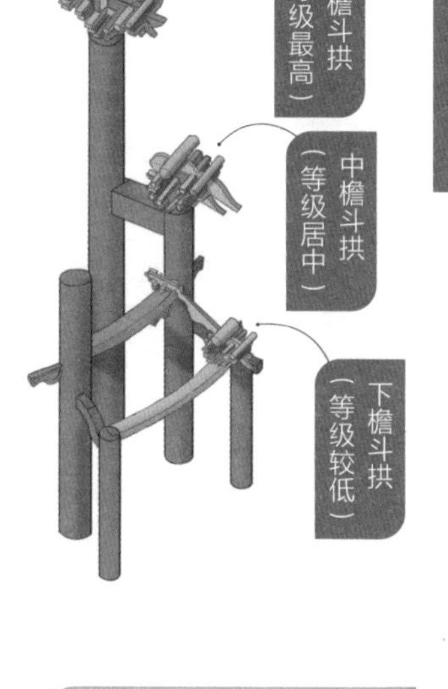

放射状的同心圆

祈年殿的屋顶也格外庄严美丽。最复杂的是，它的所有结构都是中心放射状，从空中俯瞰，是一个个同心圆。

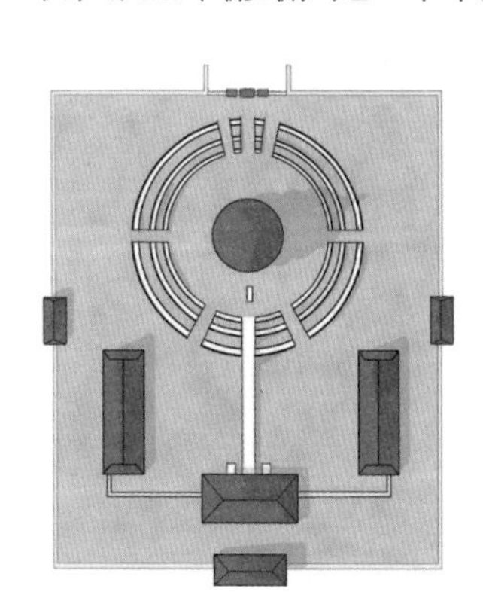

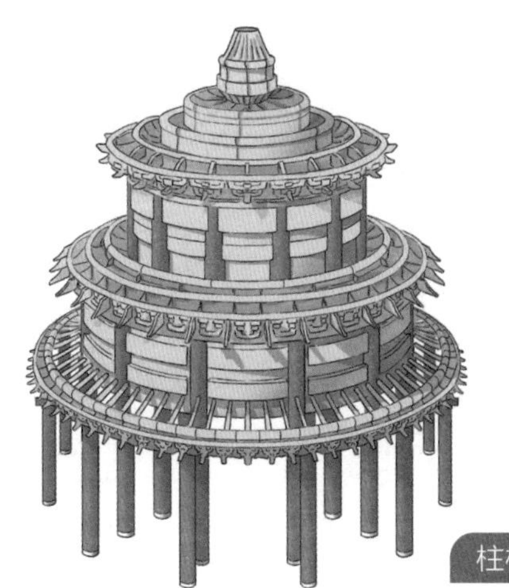

柱枋

- 祈年殿中有 28 根楠木柱子，大有名堂。
- 内圈 4 根龙井柱代表一年四季，支撑上层屋檐。
- 中间 12 根金柱代表 12 个月，支撑第二层屋檐。
- 外圈 12 根檐柱代表 12 个时辰，支撑第三层屋檐。
- 12 根金柱和 12 根檐柱加起来是 24 根，又代表二十四节气。

圜丘坛的天心石

圜丘坛也是一个重要建筑。每一年的冬至日，皇帝都在这里举行祭天仪式。在精确的设计下，当皇帝站在中央，也就是天心石上说话时，他的声音会被周围的栏板反射三次，从而形成来自四面八方的回音，有一种“天人对话”的气氛，而且声音会变得浑厚响亮。传说在这里许愿，可以直达天听。

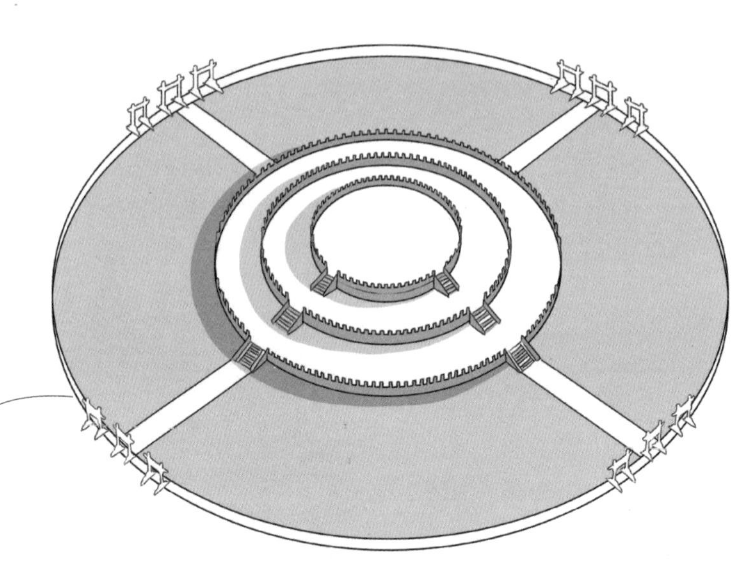

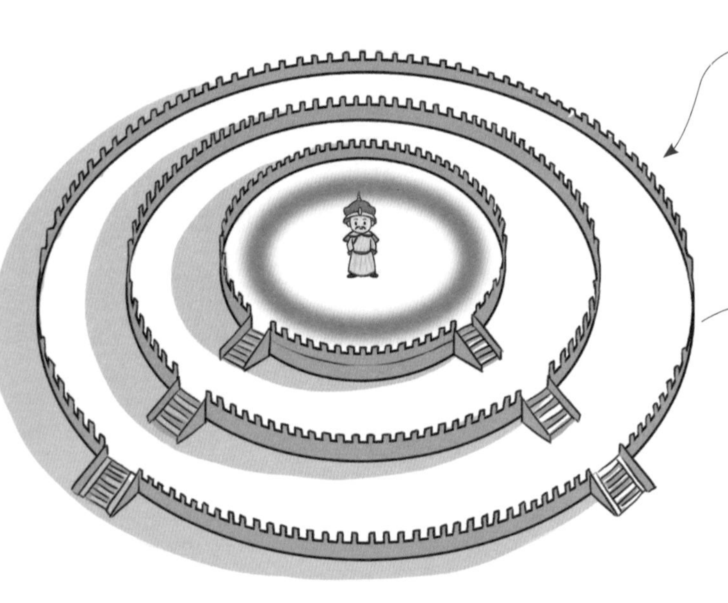

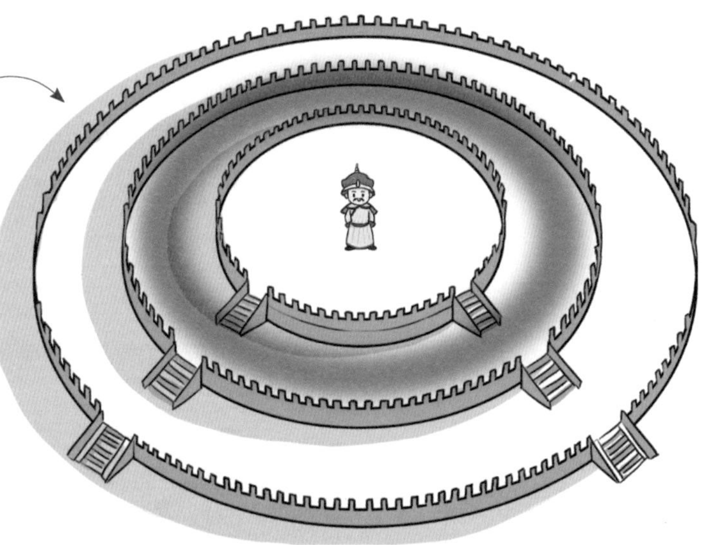

圜丘坛祭天回声模拟图

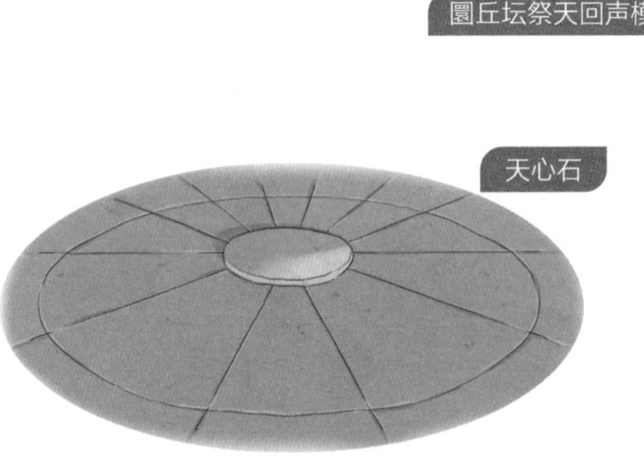

天心石

天心石是一块凸出的圆形石板，别看长得普通，却是一个“扩音器”。由于圜丘坛的半径很短，站在石上说话时，从发出声音到声波返回到天心石一共是0.07秒，所以，产生回声的速度很快，声音特别响亮。

皇穹宇的三音石

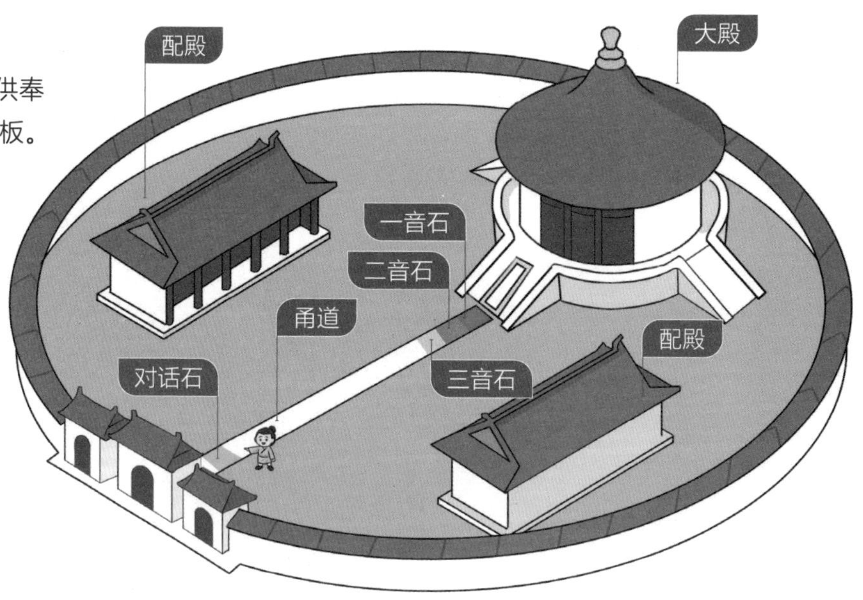

皇穹宇是一个院落，位于圜丘坛北面，有个圆形围墙，用来供奉圜丘坛祭祀的神位。皇穹宇殿门外的台阶下的甬道上，有很多石板。如果将殿门敞开，一个人站在第三块石板上，对殿门拍一下手或说话，就能听到三声回声，所以叫“三音石”。又因为回声特别大，仿若“人间偶语，天闻若雷”，因此又叫“天闻若雷石”。三音石和回音壁、圜丘坛的天心石，被称作“声学三奇”。

皇穹宇四周的围墙高耸、坚硬、光滑，能够很好地反射声音。三音石又和殿门、殿内神龛（kān）上的殿顶形成了一条直角三角形的斜边，声音会沿着斜线传入殿内，并被殿壁、殿顶反射回殿外。反射回来的声音又被围墙反射，又回到三音石上，就这样，人就听到第二次、第三次甚至更多次的回声了。

殿顶

殿门

第三块石板

有“魔法”的回音壁

皇穹宇殿后的围墙也像有“魔法”一样，会产生回音，被称为回音壁。如果两个人分别在东配殿和西配殿后面贴墙站好，一个人靠着墙，向北方说话，站在一二百米外的另一端的另一个人就能听到声音了。

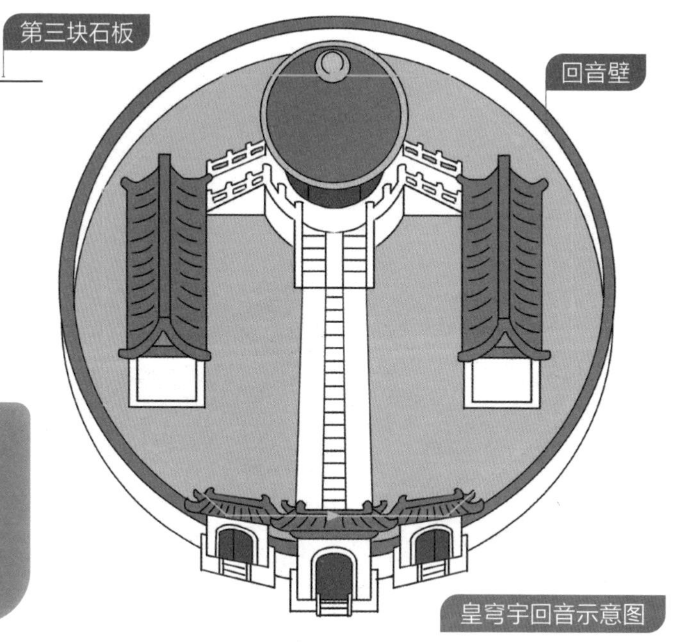

皇穹宇回音示意图

你知道吗？

回音壁为什么会有魔法呢？因为围墙高3.72米，为圆形，弧度柔和、光滑、整齐，砖和砖中间连一张纸都插不进去，有利于声波的传播。围墙上覆盖琉璃瓦，不会吸收声音，因此产生了回音。

103 定陵

神秘而奢华的地宫

定陵为明十三陵之一。十三陵是明朝皇帝的陵寝建筑群。

明神宗朱翊钧也被称为万历皇帝（公元1563年—1620年），20多岁时下令为自己修建陵寝，历经6年时间，花费800多万两银子，在他28岁那年建成。万历皇帝宠爱郑贵妃，想立郑贵妃之子为太子，废掉王恭妃所生的太子，众臣不同意，万历皇帝大怒，竟然30年不上朝。王恭妃则被幽禁起来，受尽郑贵妃的虐待，致使双目失明。郑贵妃多次试图暗杀太子，幸得王皇后暗中保护、调和。王恭妃在凄凉恐惧中死去，万历皇帝不准她葬入定陵，将她草草埋葬。万历皇帝58岁时驾崩，葬入定陵，与王皇后（谥号孝端皇后）合葬。等到他的孙子明熹宗登基后，才将王恭妃迁入定陵，追谥为孝靖皇后。

艰难的运输

定陵是十三陵中最大的陵墓之一，前方后圆，有“天圆地方”的意思。修建定陵时使用了很多大型物料，其中有几十万块巨大的青白石、汉白石等，最重的达上百吨，有十几只大象加起来那么重。为了运输这些巨石，匠人们想出各种办法——有的用旱冰船拽运，有的在每隔一里的地方凿一口深井，等冬天时，打井水泼在路上，制造“冰路”，让巨石沿着冰路滑行，抵达陵墓所在的天寿山。

宝城为圆形城墙，用黄土填实，宝顶用白灰掺黄土做成。宝顶之下就是地宫，也叫玄宫。

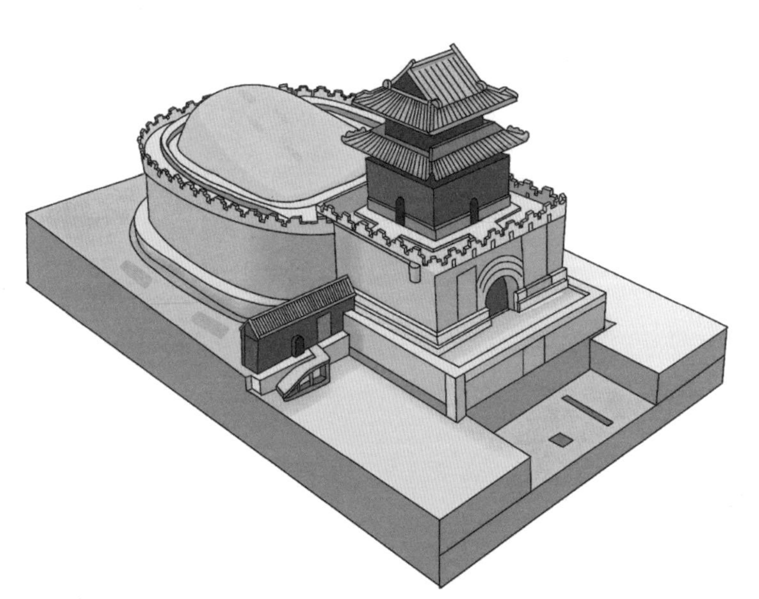

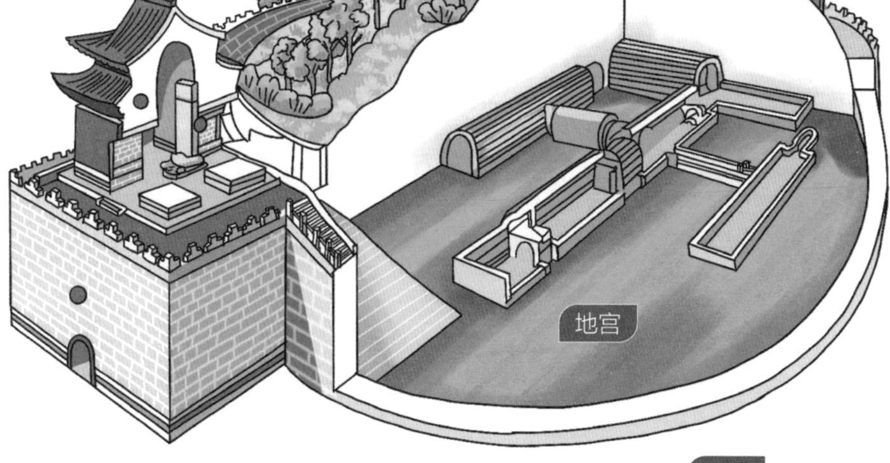

神秘的地宫是什么样子

定陵地宫藏在地下 27 米处，由前、中、后、左、右 5 个大殿组成，面积 1195 平方米。5 座殿室之间用石门相隔，门扇上有铺首衔环，有 9 排 81 颗乳状门钉，与皇宫一样。门轴一端较厚，门边较薄，能减小摩擦力，开关省力，符合力学原理。

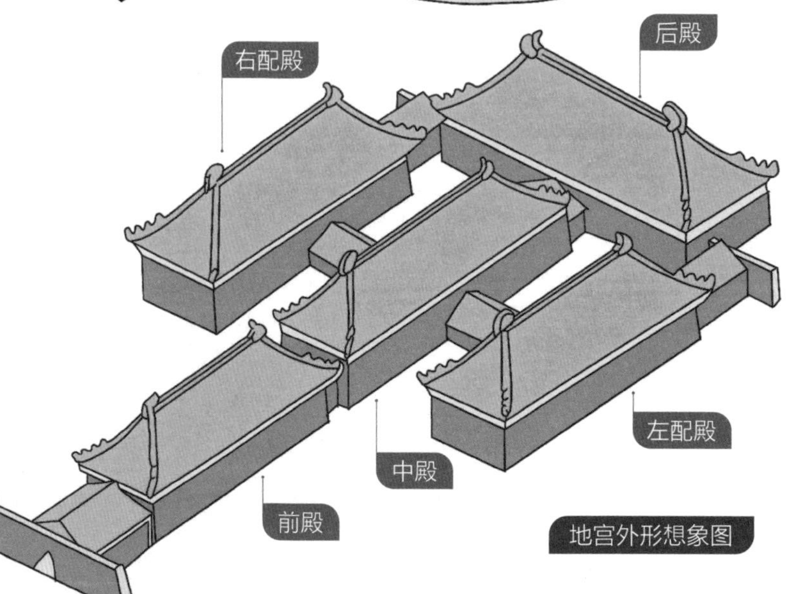

地宫外形想象图

自来石的秘密

石门的背面大有玄机，那里有凸起部分，承托着“自来石”，自来石是顶门用的石条或石球。当送葬的人出门后，石门关闭，门后槽里的自来石就随着门的角度而逐渐倾斜，最终卡死石门。外面的人再想进来，用多大力气都无法推开，只能用拐钉钥匙开门了。

拐钉钥匙是一种能通过门缝的带弯的特制工具。当年，考古人员用铁丝做了一个拐钉钥匙，将钥匙伸进门缝，接触到石条，再用钥匙扣住石条，使石条一点点被推得直立起来，石门就被推开了。

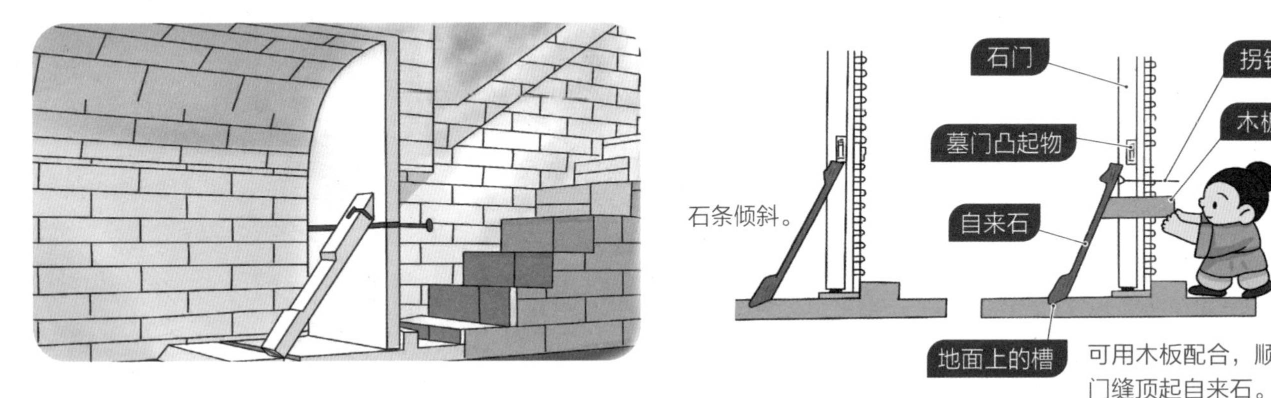

石条倾斜。

可用木板配合，顺门缝顶起自来石。

石条直立起来。

两层楼高的拱券

定陵地宫深埋地下400年，没有一处塌陷，也几乎没有渗漏水，这和古代工匠高超的技术分不开。地宫采用了拱券式的石结构，用很大的青白石砌筑而成，足有两层楼高，能承受很大的压力。

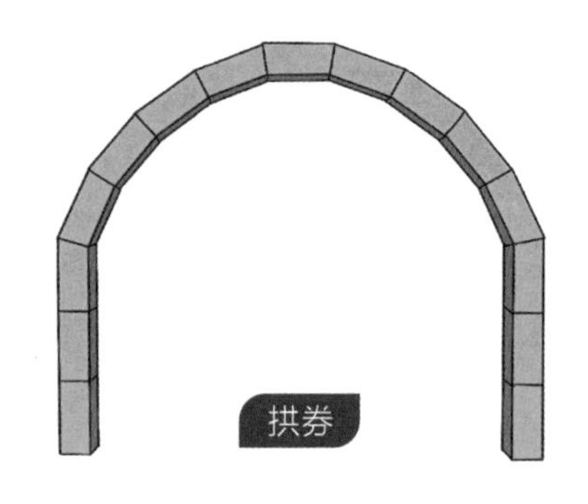

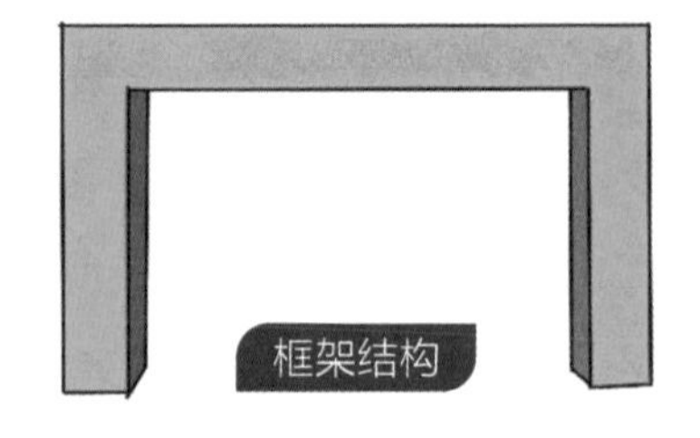

神奇的“龙王吐水”

在宝城城墙的四周，匠人造了许多汉白玉石雕的龙头，这些龙能将雨水从龙口中的小孔内排出，就像“龙王吐水”。城墙下还有一个个方形排水口，能阻止雨水渗入地宫。

你知道吗？

为什么叫定陵？古字“定”的上面是“宀”，下面是“正”，表示“宇内一统”的意思，也就是国家安稳。因此，只有在任期内天下太平稳定的皇帝才能用“定陵”作为陵墓名。

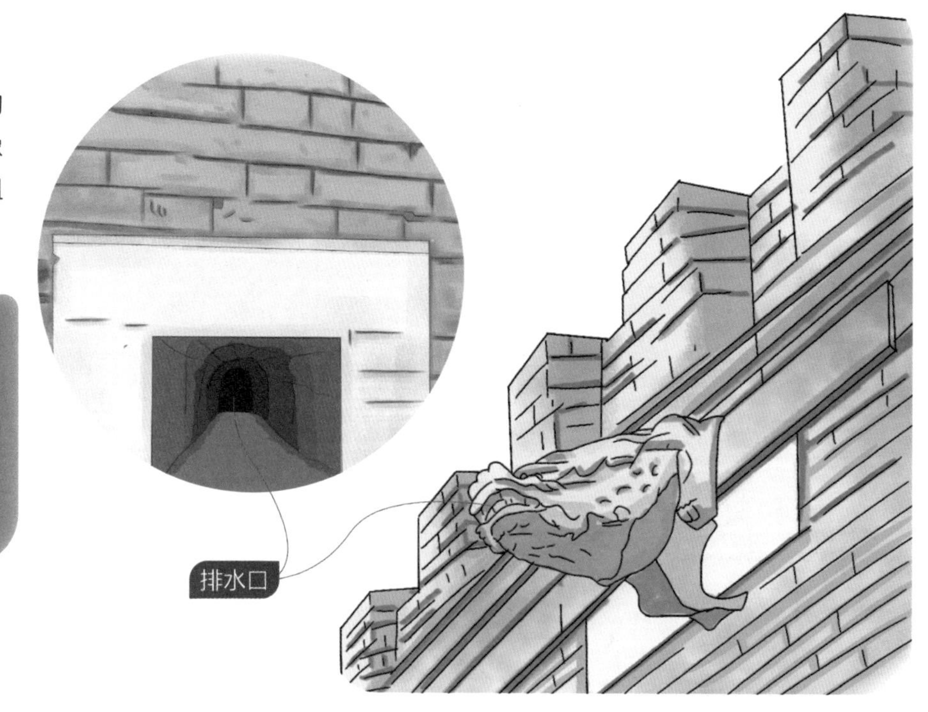

地宫里的“机关”

在地宫入口，匠人们修建了两节隧道。这有什么作用呢？原来，匠人们担心有人盗墓，特地建造了一节砖隧道，又在砖隧道后面建了一节石隧道。两节隧道断开，不相连，而且弯弯曲曲，盗墓人很难挖到准确的入口。

金刚墙是干什么的

隧道后还修建了一道金刚墙，高 8.8 米，厚 1.6 米，用金刚土筑成。金刚土是一种混合土，是在黄土高原特有的黄土中加入了糯米汁和其他汁液混成的，土质极为坚硬，刀枪不入，坚固无比。有了金刚墙的保护，墓室被封得严严实实的，使盗墓贼不易闯入。

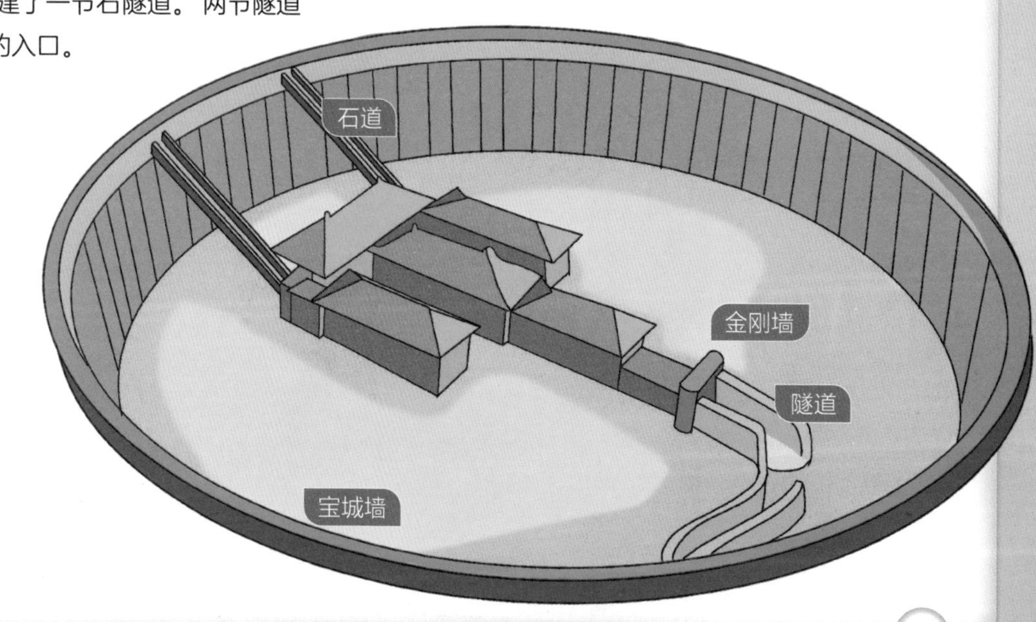

104 水密隔舱

竹节启发的发明

东晋末年（约公元420年），有一个叫卢循的人，在东南沿海揭竿起义。他经常率领起义军在水上作战，但船只碰撞破损后会进水，船就很容易沉没。有一次，卢循剖竹子时，注意到竹节的隔膜把竹子分割成好多个空竹筒，他突发奇想，何不按照竹子的结构来造船呢？于是，“八槽舰”被发明出来，就是用木板把船分隔成8个船舱，即使一个船舱进水了，船也不会沉没。这种构造就叫水密隔舱。

过水眼

水密隔舱并不是完全不透水的，在舱板底部有一个或两个流水孔。孔虽小，作用却极大。当船在波涛中行驶时，海水如果涌进了船舱，能从过水眼分流出去，使船保持平衡。要想堵住过水眼，只要用木塞、棉麻布塞上就行了。

你知道吗？

水密隔舱是造船史上的一个新技术，大大提高了船的安全性。至今各种船舶都在应用此项技术。

怎么安装水密隔舱

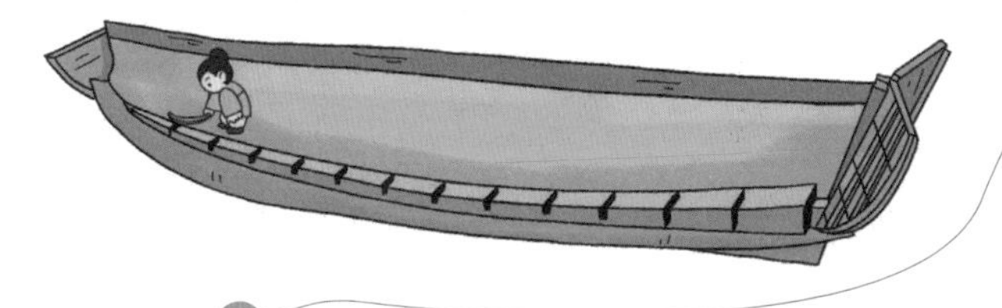

1 固定龙骨，安装船底板。

2 安装、固定抱梁肋骨。人体靠肋骨保护内脏，船舱也有“肋骨”，抱梁肋骨能增加船体的强度，保护船体不被损伤。

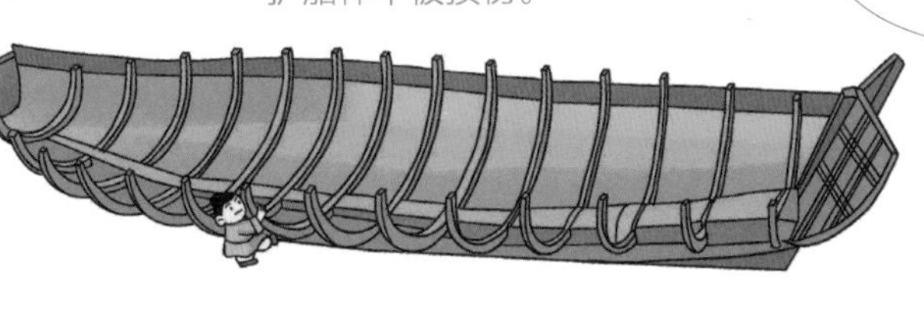

3 安装、固定隔舱板。隔舱板是一个横向的支撑结构，就像一个个横梁，能够加强船的横向承压能力，经得起大风大浪的冲击。

黏合剂

船体安装完成后，古人还会在木板缝隙中或者铁钉的缝隙中填充石灰、桐油混合物，这种混合物黏性极强，能加强密封效果，使船更加坚固。

水密隔舱把船舱分成多个空间，每个空间都能按照功能分类使用，比如现在的邮轮，就有客舱、货舱、机房等。

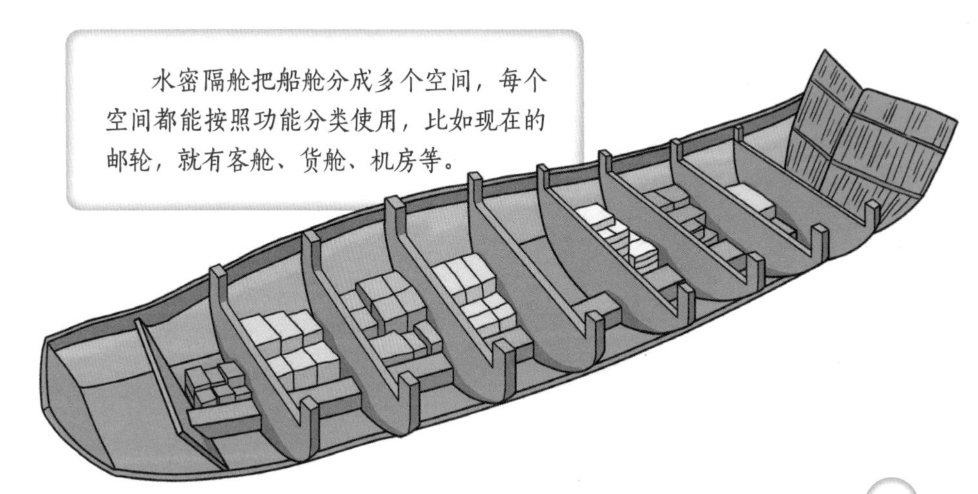

105 郑和航海技术

惊人的航海壮举

明太祖朱元璋时，宫中有一个太监，名叫郑和。传说他是云南人，幼年时被明军俘虏，带回皇宫，之后，被调入当时还是燕王的朱棣府中服役。郑和容貌英俊、文武双全、智谋过人，在朱棣夺取皇位中立有大功。朱棣称帝后，想派人出海，与海外国家建交。这时，他想到了自己信任的郑和，于是，公元1405年，郑和开始了下西洋。

漂洋过海的木船

如果让你驾着木船，从中国远航到非洲，你会不会很震惊？事实上，在600多年前，郑和7次下西洋，驾驶的都是木船。木船载着他到达30多个国家和地区，其中包括爪哇、苏门答腊、真腊、古里、暹罗等，最远到达红海沿岸、非洲东海岸。有一次，他带着200多艘木船、2.7万多人出行，是当时世界上规模最大的海上航行。

明朝的“航母编队”

郑和的船队堪称一个航母编队，“航母”为郑和乘坐的宝船。宝船周围有4种船：战船（负责战斗）、马船（运载战马）、粮船（运载粮食）、坐船（运载人和货物）。

宝船

战船

马船

粮船

坐船

没有蔬菜吃怎么办

在“洪涛接天，巨浪如山”的大海上远航两三年，2万多人没有蔬菜吃怎么办？不用担心，船上可以养家禽，种蔬菜，瓜、茄子、芥菜、韭菜、葱、蒜等都有，还能自己发豆芽。

漂浮在海上的“城市”

郑和的宝船长148米，宽60米，甲板面积几乎和一个足球场一样大，排水量近2万吨，堪称船中的“巨无霸”。

为什么不会迷路

苍茫大海，一望无际，有了指南针，就不会迷失方向了。郑和船队还使用了一种天文观察导航技术——过洋牵星术。

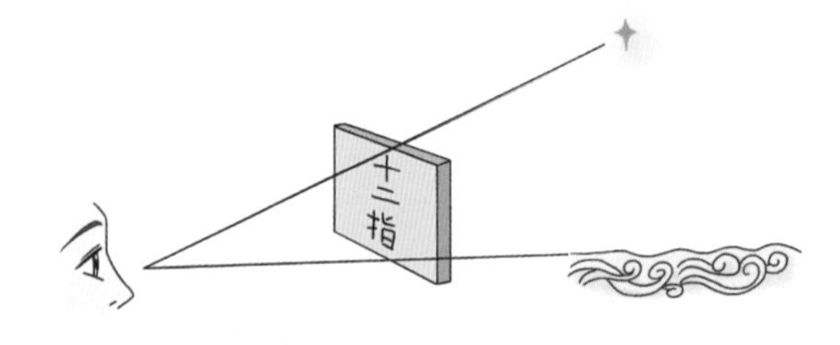

牵星板大小不一，用牵星板测量所在位置星辰的高度和海平面的夹角，可以计算出船所在位置的纬度，以此来决定往哪个方向前进。

硬帆

明朝没有发动机，船主要依靠风力前行。船队使用的是硬帆，帆篷里还有撑条，可以转动方向，利用多面风。在当时，欧洲帆船用的是软帆。

舵

船尾有舵，可以控制船只的航向。宝船上的舵十分庞大，光是舵杆就有11米长。

你知道吗?

航行时遇到逆风怎么办？只要拉帆索就可以了，这样会让船和帆变换角度，把逆风分解成两个力：一个力往船头去，一个力往侧面去。往侧面去的力，被船吃水的阻力抵消，剩下一个往船头去的力，就推着船往前走啦。每隔一段时间，都要调一次船和帆的方向，让船以“之”字形在逆风里挺进。

水密隔舱

使用了水密隔舱技术，所以能在巨浪滔天中“昼夜星驰”。

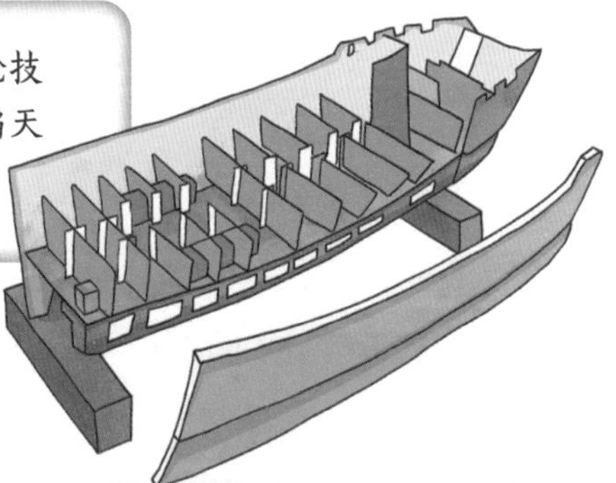

郑和下西洋使明朝与世界许多国家建立了联系，发展了贸易，促进了动植物物种和食品、商品交换。

106 烫样

神奇的立体建筑模型

烫样发明于清朝。在建造皇家建筑之前，设计师先要画图纸给皇帝看，但图纸过于专业，为了能与皇帝沟通清楚，设计师便用纸壳等材料做出立体微型建筑模型，皇帝满意了才能开始建造。

清朝时，康熙皇帝（1654 年—1722 年）重修宫殿，在工程即将竣工那天，他亲自去参加上梁仪式。据传说，当木工将大梁吊起来后，因为榫卯不合安装不上，康熙很生气，官员们惊慌失措。就在这时，一个叫雷金玉的工匠爬到大梁上，用斧头锤了几下，大梁就顺利装好了。康熙大悦，封雷金玉为内务府总理钦工处掌案，赐七品官。后来，雍正皇帝修建圆明园，雷家也做出了很大的贡献。雷家还留下了独一无二的伟大遗产——烫样。这是一种古建筑立体模型，被称为“样式雷烫样”。

为什么叫烫样

烫样的主要原料有纸板、秫秸、木头，制作烫样的工具有簇刀、剪子、毛笔、蜡板、小烙铁。烙铁能把纸板、木板烙出各种造型，所以叫“烫样”。

烫样的比例

雷氏家族制作烫样的比例精准，比如五分样，就是烫样与实物之比为 1:200，还有寸样（1:100）、2 寸样（1:50）、4 寸样（1:25）、5 寸样（1:20）。不同部件的烫样要根据实际需要来选择适当的比例。

制作底盘

用红松、白松做成小木条，横竖交叉，做成棋盘一样的平面，再糊上几层纸。

制作墙壁

把胶涂在坚硬光洁的纸上，一层层贴好，晾干以后，就变成了较硬的纸板墙。

你知道吗？

烫样后来成了建筑模型。兴建大型建筑都要先制作一个“烫样”。

制作屋顶

一般用“盔作”的方法：用黄泥做成胎模，先在硬纸上刷水，贴在胎模上；晾干后，把硬壳从胎模上揭下来，就做成了一个简单的屋顶。

科学的设计

烫样充分展现了中国古代建筑技术的科学性。神奇的是，它还能灵活组装、自由拆卸。

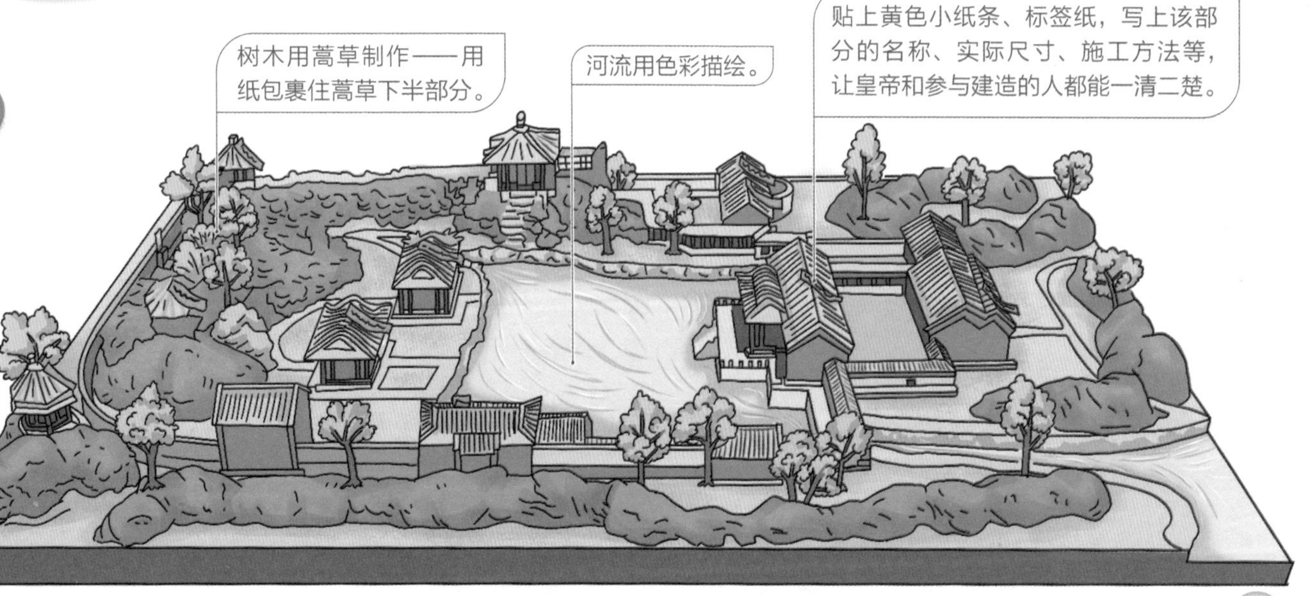

参考书目

1.《李约瑟中国科学技术史·数学、天学和地学》科学出版社

2.《李约瑟中国科学技术史·物理学及相关技术》科学出版社

3.《李约瑟中国科学技术史·化学及相关技术》科学出版社

4.《李约瑟中国科学技术史·生物学及相关技术》科学出版社

5.《文明的滴定》 商务印书馆

6.《李约瑟研究》 上海科学普及出版社

7.《中国古代重要科技发明创造》 中国科学技术出版社

8.《中国人应知的古代科技常识》 中华书局

9.《中国古代科学（钱宾四先生学术文化讲座）》 中华书局

10.《中华科学文明史》 上海人民出版社

11.《中国古代重大科技创新》 湖南科学技术出版社

12.《中国古代科技与发明》 吉林文史出版社

13.《中国古代科技文献史》 上海交通大学出版社

14.《中国古代科技史话》 商务印书馆

15.《简明中国科学技术史话》 中国青年出版社

16.《夏小正新考》 万卷出版公司

17.《周礼》中华书局

18.《墨经校解》 齐鲁书社

19.《水经注》 中华书局

20.《齐民要术》 中华书局

21.《武经总要注》 西安出版社

22.《梦溪笔谈》 中华书局

23.《营造法式》 重庆出版社

24.《洗冤集录》 上海古籍出版社

25.《王祯农书》 科学出版社

26.《农政全书校注》 中华书局

27.《天工开物》 人民出版社

28.《徐霞客游记》 中华书局

▶ 传说时代

水稻栽培

距今不少于 10000 年

猪的驯化

距今约 8500 年

髹漆

距今约 8000 年

酒的酿造

距今约 8000 年

粟的栽培

距今不晚于 7500~8000 年

琢玉

距今 7000~8000 年

榫卯结构

距今 7000 年前

象牙雕刻

距今 7000 年前

养蚕

距今 5000 多年

缫丝

距今 5000 多年

大豆种植

距今约 4000~5000 年

▶ 夏

公元前 2070 年—公元前 1600 年

▶ 商（殷）

公元前 1600 年—公元前 1046 年

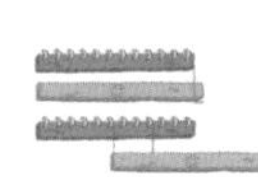

阴阳合历

商代后期

犀角雕刻

商周时已有记载

青铜铸造

商周时已鼎盛

▶ 周（西周　东周）

公元前 1046 年—公元前 256 年

竹子的利用

至少 6000 多年前开始利用，3000 多年前已人工栽培

阳燧

西周时已出现

古战车

西周时已出现

茶树的发现

6000 多年前已发现茶树，周朝已人工栽培

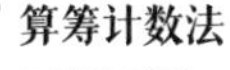

算筹计数法
不晚于春秋

分行播种
不晚于春秋

铁的冶炼
春秋早期至汉代

柑橘栽培
不晚于春秋战国

良种杂交优势
不晚于春秋战国

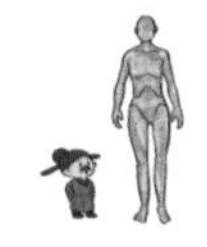

针灸
不晚于公元前 3 世纪末

四诊法
不晚于公元前 3 世纪末

曾侯乙编钟
战国早期

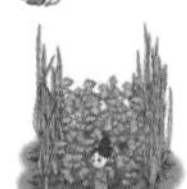

多熟种植
战国

叠铸法
战国

弩
战国已出现

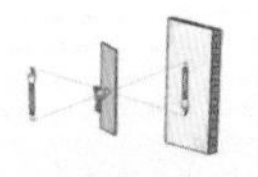

小孔成像
公元前 4 世纪

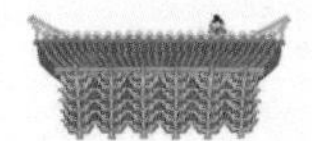

斗拱
战国已有斗拱技术

都江堰
公元前 256 年—公元前 251 年

郑国渠
战国末年

▶ 秦
公元前 221 年—公元前 206 年

长城
始建于战国末，
秦朝形成“万里长城”

灵渠
公元前 221 年—
公元前 214 年之间

秦陵铜车马
秦朝

秦陵兵马俑
秦朝

陵墓防盗机关
秦朝已出现

▶ 汉（西汉　东汉）
公元前 202 年—公元 220 年

汉中栈道
秦汉时已出现

二十四节气
起源于战国，
成熟于西汉初期

天象记录
汉朝已较为系统

独轮车
汉朝已有独轮车画像

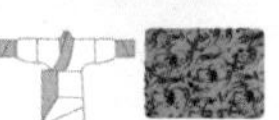

印染技艺
汉朝已成熟

马王堆帛地图
不晚于公元前 2 世纪

造纸术
不晚于公元前 2 世纪

制墨
汉朝已出现人工制墨

胸带式系驾法
西汉

提花机
不晚于公元前 1 世纪

温室培育
不晚于公元前 1 世纪

坎儿井
汉朝已出现

水排
公元 1 世纪

风扇车
不晚于公元 1 世纪

翻车
公元 2 世纪

水碓
不晚于西汉末期

新莽铜卡尺
公元 9 年

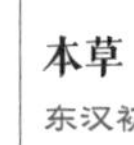

本草
东汉初期

瓷器
成熟于东汉

地动仪
公元 132 年

相风乌
汉朝已有记载

方剂
汉朝

醋的酿造
汉朝以后成熟

▸ 三国
公元 220 年—280 年

指南车
西汉时期已有记载，三国时马均创造

▸ 晋（西晋　东晋）
公元 265 年—420 年

管口校正
公元 3 世纪

制图六体
不晚于公元 3 世纪

马镫
不晚于 4 世纪初

莫高窟
东晋时已开凿

▸ 南北朝
（南朝：宋 齐 梁 陈）
公元 420 年—589 年
（北朝：北魏 东魏 西魏 北齐 北周）
公元 386 年—581 年

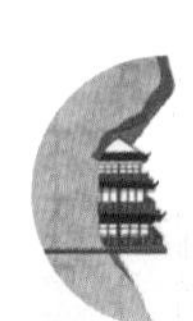

悬空寺
北魏始建

▸ 隋
公元 581 年—618 年

赵州桥
建成于公元 606 年

大运河
隋朝大运河于公元 7 世纪贯通；京杭大运河于公元 1293 年贯通

雕版印刷术
公元 7 世纪

▸ 唐
公元 618 年—907 年

敦煌星图
公元 8 世纪初

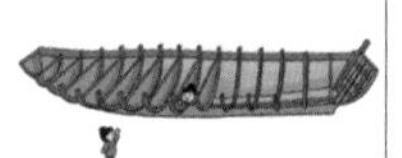

水密隔舱
不晚于唐朝

唐卡
唐朝已出现

布达拉宫
始建于公元 7 世纪，重修于 17 世纪中叶

潮汐表
公元 8 世纪后半叶

乐山大佛
公元 713 年—803 年

火药
约公元 9 世纪

▸ 五代十国
公元 907 年—979 年

苏州园林
四大名园之沧浪亭始建于公元 910 年前后

沧州铁狮
公元 953 年

▸ 宋（北宋　南宋）
公元 960 年—1279 年

指南针
不晚于公元 10 世纪

活字印刷术
公元 11 世纪中叶

万安桥
公元 1053 年—1059 年

应县木塔
公元 1056 年

水运仪象台
建成于 1092 年

垛积术
不晚于 11 世纪末

中国珠算
宋朝

井盐深钻和汲制
不晚于公元 11 世纪

火箭
不晚于 12 世纪

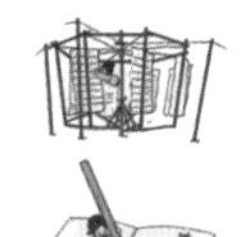

大风车

不晚于 12 世纪

法医学

公元 1247 年

风箱
不晚于宋朝

铁浮屠
宋朝时已出现

缂丝
宋元时已繁盛

压榨取油
宋元时已成熟

▸ 元
公元 1271 年—1368 年

甘蔗制糖
宋元以后多记载

青花瓷
元朝时达到巅峰

四海测验
元朝

▸ 明
公元 1368 年—1644 年

故宫
建于公元 1406 年—1420 年

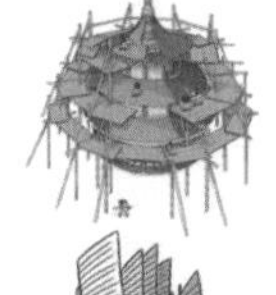

天坛
公元 1420 年始建

郑和航海技术
航海于公元 1405 年—1433 年之间进行

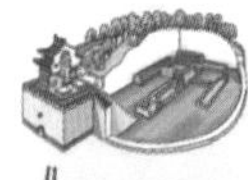

定陵
公元 1584 年—1590 年

十二等程律
公元 1584 年

岩溶考察
公元 1613 年—1639 年

人痘接种术
不晚于公元 16 世纪

▸ 清
公元 1636 年—1912 年

烫样
清朝初年出现

内 容 提 要

本套书《了不起的中国古代科技》精选了106个代表中国古代智慧的科技发明创造，1027个知识点，968幅手绘插画，以图文并茂的方式呈现给孩子，内容囊括了天文、数学、物理、地理、植物、动物、医药、农业、建筑、冶金等20多个领域的科技发明创造……让孩子在阅读时，不仅能深入感受古人的智慧，还能学习古人执着的求知精神，勇于探索、勤于实践、善于创造的优秀品质。

图书在版编目（CIP）数据

了不起的中国古代科技 ： 全四册 / 邱成利，谷金钰主编 ； 中采绘画，杨义绘. -- 北京 ： 中国水利水电出版社，2022.10（2022.12重印）
ISBN 978-7-5226-0834-1

Ⅰ. ①了… Ⅱ. ①邱… ②谷… ③中… ④杨… Ⅲ. ①技术史－中国－古代－普及读物 Ⅳ. ①N092-49

中国版本图书馆CIP数据核字(2022)第119174号

书　　名	了不起的中国古代科技（全四册） LIAOBUQI DE ZHONGGUO GUDAI KEJI（QUAN SI CE）
作 者 名	邱成利　谷金钰　主编
绘　　者	中采绘画　杨　义　绘
出版发行	中国水利水电出版社 （北京市海淀区玉渊潭南路1号D座　100038） 网址：www.waterpub.com.cn E-mail：sales@mwr.gov.cn 电话：（010）68545888（营销中心）
经　　售	北京科水图书销售有限公司 电话：（010）68545874、63202643 全国各地新华书店和相关出版物销售网点
排　　版	北京水利万物传媒有限公司
印　　刷	河北朗祥印刷有限公司
规　　格	250mm×218mm　16开本　22.75印张（总）　304千字（总）
版　　次	2022年10月第1版　2022年12月第2次印刷
定　　价	198.00元（全四册）

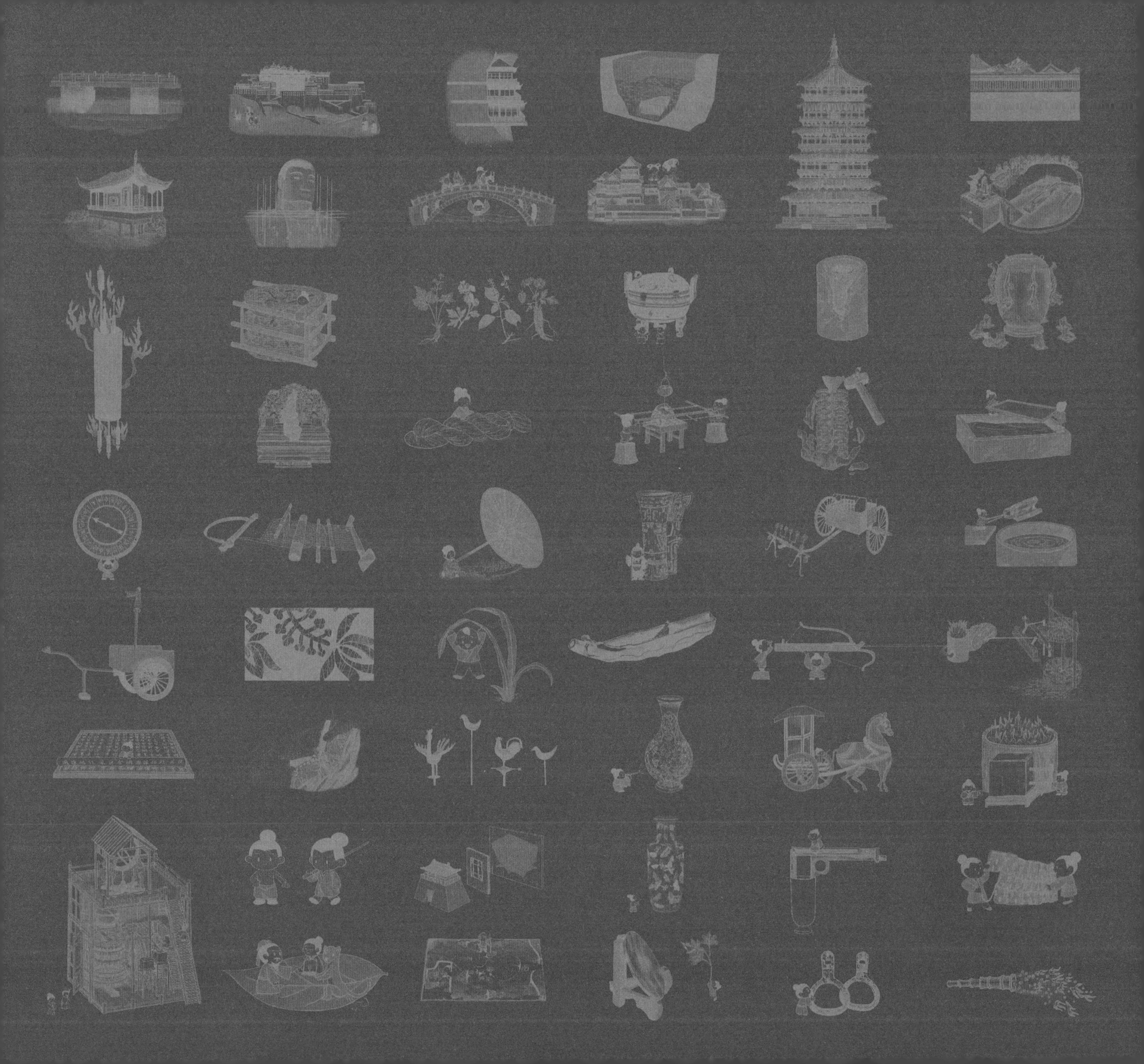